基于合成孔径雷达数据的
旱地作物识别与长势监测研究

王 迪　沈永林　周清波　陈仲新　东朝霞　著

中国农业科学技术出版社

图书在版编目（CIP）数据

基于合成孔径雷达数据的旱地作物识别与长势监测研究／王迪等著 . —北京：中国农业科学技术出版社，2016. 11

ISBN 978 - 7 - 5116 - 2819 - 0

Ⅰ. ①基…　Ⅱ. ①王…　Ⅲ. ①合成孔径雷达 – 应用 – 旱地 – 作物监测 – 研究　Ⅳ. ①X835

中国版本图书馆 CIP 数据核字（2016）第 269477 号

责任编辑　闫庆健
责任校对　杨丁庆

出　版　者　中国农业科学技术出版社
　　　　　　北京市中关村南大街 12 号　邮编：100081
电　　　话　(010)82106632(编辑室)　　(010)82109702(发行部)
　　　　　　(010)82109709(读者服务部)
传　　　真　(010)82106650
网　　　址　http://www.castp.cn
经　销　者　各地新华书店
印　刷　者　北京昌联印刷有限公司
开　　　本　850mm ×1 168mm　1/32
印　　　张　5　彩插　8 面
字　　　数　124 千字
版　　　次　2016 年 11 月第 1 版　2016 年 11 月第 1 次印刷
定　　　价　20. 00 元

内容提要

本书系由作者承担的国家科技重大专项项目"高分农业遥感监测与评价示范系统"的研究成果编著而成。在我国北方旱地秋收作物生长关键期,云雨天气频繁,很难获得足量、有效的光学遥感数据,无法有效地解决农作物类型、面积及其空间分布等国家级农业遥感监测业务问题。鉴于合成孔径雷达(Synthetic Aperture Radar,SAR)具有全天时、全天候监测等优点,此项研究重点探讨了基于全极化 SAR 数据的旱地作物遥感识别与长势监测方法。全书共 6 章,内容包括:(1)用 SAR 数据监测研究农作物识别与长势现状与存在问题;(2)SAR 数据收集与预处理方法;(3)基于雷达后向散射特征识别旱地作物;(4)识别旱地作物辅助变量信息的提取及其重要性评价;(5)以全极化 SAR 数据监测研究旱地作物长势;(6)研究结论与展望。

本书有较强的系统性和创新性,可供从事微波遥感应用研究、农业遥感监测研究有关科研与技术人员,以及高等院校相关专业师生对农作物种植面积、长势监测研究的参考使用。

目　　录

第一章 绪 论

一、研究背景与意义

  我国是农业生产和消费大国，农作物产量的丰欠历来受到社会及政府部门重视（陈水森等，2005）。及时了解、掌握主要农作物的种植面积和长势信息，对于准确估计和预测农作物产量（Xavier等，2005），加强作物生产管理，确保粮食安全具有重要的意义（Reynolds等，2000；Allen等，1996）。

  传统的农作物种植面积、长势信息主要通过行政单元逐级汇总上报，或是利用农户抽样调查方法进行。该方法普遍存在耗时、耗力、耗财等缺陷，且易受错报、漏报和空报等主观因素影响。因此，传统方法很难及时、准确地获取大区域农作物的种植面积、空间分布及长势信息（王迪等，2012）。随着空间技术的不断发展，遥感技术以其宏观、准确、动态、及时等优点已广泛应用于大范围的农作物种植面积、长势监测中；其监测结

1

果可为国家农业生产管理、粮食政策制定提供重要参考依据。自 20 世纪 80 年代以来，国内外众多学者利用光学遥感影像对不同时空尺度下的农作物进行了种类识别与长势监测研究，在理论和方法层面均取得了长足的进展。目前，国家农业部农作物遥感监测业务所采用的遥感数据源也主要是光学遥感影像。但光学遥感在我国北方旱地作物监测时，受作物生长关键期频繁的云雨天气限制，常无法获取完整、连续的可用数据，严重地影响了监测工作的时效性和监测结果的准确性。

合成孔径雷达（Synthetic Aperture Radar，SAR）遥感技术以其具有全天时、全天候监测地表信息的能力，和不受天气条件的限制获取数据，弥补了多云雨气象条件下光学遥感数据获取能力的不足，在作物遥感监测方面具有广泛的需求空间和巨大的应用潜力。另外，雷达遥感不仅能保障数据源，还具备监测植被"饱和点"高、对水分、结构敏感等特点，在农作物监测上具有独特的优势（杨浩，2015）。尽管国内外学者在利用雷达技术进行农作物类型识别、长势监测方面开展了大量研究工作，但仍存在诸多问题，主要表现在：①研究对象大多集中于水田作物（如水稻），对旱地作物（如玉米、大豆、棉花等）的研究较少；②监测精度仍需进一步提升，尤其是针对旱地作物；③旱地作物的分类方法普遍存在条理性不足，即：大多分类方法主要依赖于对地物后向散射系数特征的统计，而较少考虑地物的散射机制差异。

为此，本项研究以利用全极化合成孔径雷达（Polarimetric Synthetic Aperture Radar，Pol SAR）数据，进行旱地作物的识别与生物学参数的反演，并深入剖析旱地作物的后向散射变化规律，科学地构建旱地作物遥感分类指标，探寻作物分类的最佳时相与最优极化方式，定量地评价各种辅助分类变量的相关性。在此基础上，建立了雷达后向散射系数与作物生长参数的相关模型，实现对旱地作物类型的准确识别和长势的精准监测。预期成果有：为高分三号雷达遥感卫星在农情监测业务中提供技术储备；弥补光学遥感在多云雨、雾霾气象条件下对粮食主产区有用数据短缺的问题；促进雷达技术在农业遥感监测业务工作中发挥更大作用。本项目研究对旱地作物识别和长势遥感监测具有重要的理论意义和实用价值。

二、国内外研究进展

雷达发射的能量脉冲的电场矢量，可以在垂直或水平面内被偏振。无论哪个波长，雷达信号可以传送水平（H）的或者垂直（V）的电场矢量，接收水平（H）的或者垂直（V）的或者两者的返回信号。雷达遥感系统常用 4 种极化方式——HH（水平和水平极化）、VV（垂直和垂直极化）、HV（水平和垂直极化）、VH（垂直和水平极化）。前两者为同向极化，后两者为异向（交叉）极化。SAR 技术诞生以来，在农业应用中得到了长足的发展。依据其特有的全天时、全天候的成像能力，雷达遥感被广泛的应用于南方水稻的监测中（凌飞龙等，2007；汪小钦等，2008；杨沈斌，2008；张萍萍等，2006；杨沈斌等，2008；Haldar 和 Patnaik，2010），并取得了显著的效果。除此之外，合成孔径雷达还可实现对某些地物的穿透探测，提供不同于光学遥感所能提供的信息（例如，雷达可记录电磁波的振幅信号和相位信息），这些特点不仅使得雷达数据成为光学遥感数据的有力补充，更成为进行农作物分类、监测及估产的重要技术手段。

1. 基于单波段、单极化 SAR 数据的作物识别研究

20 世纪 80 年代末至 2002 年，该时期星载 SAR 数据多为单参数数据，即每次只能获取单波段、单极化或单入射角的 SAR 影像，因此不能获取观测该地物散射过程的完整信息。受雷达技术自身条件的制约，农作物 SAR 识别研究多采用单波段、单极化影像作为数据源，涉及的星载传感器包括 ERS – 1/2、JERS – 1 和 RADARSAT – 1，采用的波段大多为 C 波段（JERS – 1 为 L 波段），可选取的

极化方式仅为 VV 或 HH 中的一种方式。Asehbacher 等
（1995）在文章中表明，单时相、单极化的雷达数据极
大地限制了农作物 SAR 的分类识别效果，尤其是在地块
分布破碎、种植布局复杂的区域。另外，这一时期 SAR
数据空间分辨率较低也是制约农作物 SAR 分类识别精度
的重要因素（杜鹤娟等，2013）。

1989 年，Le Toan 等（1989）通过分析 X 波段 SAR
图像中地物的后向散射特征，发现水稻后向散射系数
（σ^0）随时间的变化较其他作物大得多，并首次验证了
利用 SAR 图像进行水稻识别的可行性（Breiman,
2001）。该研究论文奠定了雷达遥感在农作物监测中的
应用基础。这一时期，为改善农作物识别精度，国内外
学者只能在单极化雷达数据的基础上结合多时相信息进
行农作物识别（王迪等，2014）。具体根据多时相 SAR
数据分析农作物 σ^0 的时域变化特征，利用农作物与周围
地物的 σ^0 特征差异对其进行分类与识别。继 ERS – 1 雷
达卫星成功反射之后，日本、泰国、印度等国家的学者
根据水稻 σ^0 随时相变化大这一特点，开展了一系列水稻
SAR 识别研究（Brown 等，2003；Chen，2008），其研
究结果证明了 SAR 在水稻识别研究中的可行性与优越
性。由于水稻在其全生育期内 σ^0 变化较大，另外其独特
的下垫面（水面）构成，使水稻主要散射机制与其他地
表覆盖类型存在较大差异，因此，这一阶段的农作物

SAR 识别研究大多针对水稻开展（de Roo 等，2001；Dong 等，2013；Durden 等，1995；Frate 等，2003；Freeman 等，1998；Guinon 等，1984；Haldar 等，2010）。

对于分类精度方面，Le Toan 等（1989）利用多时相的 ERS－1 和 RADARSAT－1 C 波段 SAR 数据分别在印度尼西亚和日本进行了水稻遥感识别试验研究，提出利用水稻 σ^0 时域变化差异的阈值分类方法，分类精度可达 80% 以上（Haralick 等，1973）。Shao 等（2011）利用多时相（1996—1997 年）C 波段 RADARSAT－1 数据在广东省肇庆地区开展了水稻监测和估产研究，结果表明利用多时相 RADARSAT－1 数据进行水稻识别，精度可达 91%。Choudhury 和 Chakraborty（2006）利用多时相的 RADARSAT－1 窄幅 ScanSAR 数据对印度奥里萨邦的水稻面积和长势进行了监测，结果表明水稻 σ^0 在全生长期内表现出明显的时序变化特征，同时存在一个较大的动态变化区间（>10 dB）。基于这一特征，利用专家知识决策分类法对试验区的水稻进行识别，识别精度高达 98%。胡德勇等（2008）利用 RADARSAT－1 数据结合纹理信息进行水体和居民地信息的提取，精度为82.57%，Kappa 系数为 0.58。该时期雷达数据多为单参数数据，因此不能获取观测地物散射过程的完整信息。

随着研究的深入，尽管多时相 SAR 数据被广泛应用，但单波段、单极化 SAR 图像提供的信息量实属有限。另外，"同物异谱"和"异物同谱"现象严重，相同的地物可能呈现出截然不同的后向散射特征，同样，不同的地物在某种条件下呈现出相同的后向散射系数，使得地物难以区分（李富城，2009），使用单波段、单极化数据进行农作物识别所获得的分类结果已经无法满足实际应用需求（Park 等，2010；Soria-Ruiz 等，2007）。

2. 基于多波段、多极化 SAR 数据的作物识别研究

随着雷达技术的不断发展，继 2002 年 3 月 1 日欧空局发射的 ENVISAT-ASAR（Advanced Synthetic Aperture Radar）卫星之后，在世界范围内进入到一个携带雷达传感器的卫星发射高峰期。2006—2007 年，ALOS-PAL-SAR、Terra-SAR、COSMO-SkyMed1/2 和 RADARSAT – 2 卫星相继发射升空，这些卫星上的雷达传感器不再局限于早期的单极化、单频率工作模式，而是具有更多的极化方式（多极化和全极化）、频率选择及更多的幅宽和空间分辨率。以此为标志，星载 SAR 从早期的单波段、单极化进入到多波段、多极化阶段。相比于单波段、单极化 SAR 数据，多极化、多波段 SAR 数据能够提供更为丰富的地物雷达波散射信息，在农作物分类和长势监测方面更具优势（Liu 等，2014）。目前国内外在利用多

极化、多波段 SAR 数据进行农作物识别方面，可概括为两大方向：一是利用多极化 SAR 数据进行农作物识别研究；二是联合多波段 SAR 数据的农作物识别研究。

（1）多极化 SAR 的农作物识别。与单一极化模式相比，多极化或全极化能够提取地物目标的极化矩阵、几何结构细节、介电常数等信息，对地表植被散射体的空间分布、高度和植被散射体的形状和方向均很敏感，因此在农作物识别方面更具优势。以往众多研究表明，单极化 SAR 数据在进行农作物识别时存在一定的局限性，已不能满足现有的应用需求。多种极化方式及其组合可有效提高农作物分类与识别精度。这一阶段开展农作物识别研究使用的雷达数据源主要为 ENVISAT-ASAR（Wang 等，2010），该数据包含两种极化方式（HH/VV）。研究对象大多为水稻，研究内容可归纳为 4 类：一是评价多极化与单极化 SAR 数据在农作物识别精度上的优劣；二是利用极化方式的组合运算（比值）进行农作物识别；三是根据农作物在不同极化方式上的差异进行分类识别；四是农作物 SAR 识别的极化方式寻优。

在评价多极化与单极化 SAR 数据的农作物识别精度方面，全极化 SAR 比单极化 SAR 能提供更多、更全面关于地表的极化散射信息，因此在实际应用中取得了比单极化更好的分类效果（Lee 等，2001）。Henning 等（1999）利用 SAR 对作物进行分类，认为与单波段、单极化或一个时相相比，多波段、多极化和多时相可以大大提高分类精度。McNairn 等（2000）采用机载 C 波段极化 SAR 数据对苜蓿、玉米、大豆和小麦进行了遥感识别研究，并将单极化与双极化结果进行了对比，其结果显示 HH – HV – VV 3 种极化组合方式的农作物识别精度显著提高，这表明增加极化方式数量的重要性。Frate 等（2003）通过研究发现，相对于单极化（VV）工作模式，采用 VV、HH 和 HV 3 种极化组合方式对大麦、玉米、油菜等 7 种类型的农作物进行识别时，识别精度由原来的 55% 提高到 85%。Stankiewicz（2006）以农作物地面调查数据作为验证依据，对 ENVISAT ASAR 双极化数据在农作物识别方面的效率进行了评价，结果表明利用双极化 ASAR 数据进行农作物识别可以获得较高的分类精度。为评价 MAPSAR（multi-application purpose SAR）在农业应用上的潜力，Silva 等（2007，2012）以机载 L 波段 SAR – R99B 为替代数据对多种农作物类型进行遥感分类研究，发现单极化 SAR 数据的识别能力最差，识别精度不足 59%；2 种极化方式组合起来可显著区分不同类型农作物，当 VV – HV 组合时，识别精度可达 78%；3 种极化方式组合时的总体识别精度高达85.4%。化国强等（2012）利用 2 景 Radarsat – 2 全极化 SAR 遥感影像，对水稻及其共生植被进行了后向散射特征差异性分析，并利用 HH 和 VV 两种极化比值对水稻进行识别，精度达到92.64%，表明了全极化SAR数据在水稻监测中可提供更丰富的信息及在农作物识别中的应用潜力。

在利用极化组合进行农作物识别研究方面，Chen等（2007）利用不同时期ENVISAT ASAR数据中HH与VV的比值结果在广东省进行了水稻识别试验研究，发现VV与HH数据做比值处理可获得最高的水稻分类精度。需要说明的是，该研究中采用7dB作为HH/VV的阈值进行水稻田识别。基于这一研究思路，Bouvet等（2009）以越南湄公河三角洲为监测区，采用不同的HH/VV阈值设计方法对该地区的水稻进行了遥感识别，获得了较高的识别精度。谭炳香等（2000）以江苏省洪泽县为研究区，利用ENVISAT ASAR APP（Alternating Polarization Precision，APP）双极化数据进行水稻识别时发现，在水稻的生长后期，水稻的σ^0比值（HH/VV）与其他地物有明显差别，利用这一特点区分水稻与非水稻，分类总精度接近80%，水稻识别精度可达86%以上。张萍萍等（2006）采用多时相ENVISAT ASAR交叉极化模式数据（VV/HH组合），通过阈值分类算法进行小范围区域的水稻制图，其制图精度达到90%以上。Frate等（2003）利用单极化（VV）对7种类型的农作物进行识别时精度为55%，采用多极化方式组合进行识别时，精度提高到85%，相比之下，多极化识别结果相对于单极化而言精度提高了30%。李坤等（2011）采用多极化机载 SAR 数据，HH/VV 提取并增强水稻信息，水稻识别精度可达90%以上。探究极化信息的可利用性已成为现如今雷达方向的研究热点，虽然当前对地物目标与极化波相互作用的详细物理过程还不明确，但大量实验研究表明完整、全面的极化信息有利于目标地物的监测及状态估计（李春升等，1995）。

根据极化方式差异进行农作物识别研究方面，Chen 和 Li 利用多时相和多极化 ASAR 数据，根据水稻 σ^0 在不同时相和不同极化方式下的特点进行水稻信息提取。插秧初期，水稻田 VV 极化 σ^0 大于 HH 极化，随着水稻生长，HH 极化 σ^0 逐渐超过 VV 极化，利用这一特点，水稻信息的提取精度达到91.02%。Bouvet 等（2009）利用 ENVISAT ASAR 数据在越南进行水稻监测研究，根据水稻在 HH 和 VV 极化上的差异进行识别，精度可达90%。张云柏（2004）利用多时相、多极化 ENVISAT ASAR 数据，通过分析不同极化方式下的水稻 σ^0 差异特征，提取了江苏省宝应县水稻种植面积，识别精度达到92.62%。杨沈斌等（2008）利用单时相多极化 ENVI-SAT ASAR 数据进行了水稻识别研究，通过分析水稻和其他地物在该时相上的 VV 与 HH 极化后向散射特征差异进行水稻信息提取，地面验证表明，水稻识别精度为84.36%。Ling 等（2011）以江苏省海安县为研究区，利用 2008 年的 ALOS PALSAR 双极化模式数据分析了水稻在 L 波段 SAR 图像上的后向散射特征，提出了联合 HH 和 HV 极化数据的水稻识别方法，获得了约 88.4% 的水稻识别精度。

在农作物 SAR 识别的极化方式寻优方面，Baghdadi 等（2009）针对 3 种 SAR 数据源（ENVISAT ASAR、ALOS PALSAR、TerraSAR - X）的甘蔗田识别精度进行了评价研究，发现交叉极化的甘蔗识别精度要优于同极化（HH/VV）方式。Silva 等（2012）利用 L 波段机载 SAR 多极化和全极化数据对巴西巴伊亚省西部的咖啡、棉花和牧草进行遥感识别，结果表明，各种农作物的识别精度从单极化到多极化逐渐提高，基于全极化数据的农作物识别精度最高。丁娅萍（2013）利用多时相、多极化的 RADARSAT - 2 全极化模式 SAR 数据，对河北省枣强县的旱地作物（玉米和棉花）进行遥感识别和面积监测研究，发现玉米和棉花在不同生长期对雷达信号的响应机制有差异。通过比较各极化方式信息的农作物遥感分类效果，发现 VV 极化优于 HH 极化，并且这 2 种同极化方式优于交叉极化方式。

（2）多波段 SAR 农作物识别。除了极化方式外，波长也是雷达系统的一个重要工作参数。不同波段的雷达系统获取地物目标的后向散射信息也随之不同。已有研究表明，单纯使用一种波段的 SAR 数据（如早期的

SAR 数据多为 C 波段）不能同时将多种类型的农作物一一区分开来，若增加一种波段的 SAR 数据，则能有效改善复杂地物类型下的农作物识别精度。2006 年以来，随着 ALOS - PALSAR、Terra-SAR 等多颗卫星相继发射成功，一改以往星载雷达系统仅有 C 波段可用的局面。为准确提取多种农作物的面积信息，众多学者提出联合多种波段 SAR 数据进行农作物识别与分类。Shang 等（2009）在加拿大的 2 个试验区（渥太华和卡斯尔曼）对 4 类 SAR 传感器（ENVISAT ASAR、ALOS PALSAR、TerraSAR - X 和 RADARSAT - 2）的农作物识别能力进行了评价研究，结果表明，单独使用一种频率的 SAR 传感器进行农作物识别时的精度均较低，如单时相 L 波段 PALSAR、C 波段 ASAR、X 波段 TerraSAR 和 C 波段 RA-DARSAT - 2 数据的农作物识别精度均低于 60%，而 ASAR 与 PALSAR 或 TerraSAR - X 与 RADARSAT - 2 联合的农作物识别精度均高于 80%，其中 TerraSAR - X 与 RADARSAT - 2 联合（极化方式为 VV/VH）的农作物总体识别精度可达 87.3%（牧草、大豆、玉米和小麦识别精度分别为 84.1%、86.8%、89.9% 和 85.6%）。Mc-Nairn 等（2000）在利用 RADARSAT - 2 和 TerraSAR - X 数据进行农作物识别时发现，单纯利用一种频率的 SAR 数据（C 波段 RADARSAT - 2）识别农作物时，对于个别作物类型（如玉米）可获取较高精度，而对其他作物

（大豆和牧草）的识别精度则较低；如果增加一种波段的 SAR 数据（TerraSAR - X），则大豆和牧草的识别精度会得到显著改善（大豆识别精度提高了 37%，牧草识别提高了 11.3%）。国内在该方面的应用研究相对较少，Jia 等（2012）利用 3 个时相的 ENVISAT ASAR 和一个时相的 TerraSAR - X 数据对中国华北平原的旱地作物冬小麦和棉花进行了遥感识别研究，结果表明，联合 C 和 X 两个波段的 SAR 数据进行旱地作物识别时可获得令人满意的精度结果（最高可达 91.83%），优于单纯利用多时相 C 波段 ENVISAT ASAR 数据的识别精度。王之禹等（2001）利用多波段、全极化的 AIRSAR 数据对地物进行识别，并与单波段、单极化的雷达影像获取的结果进行了对比分析，发现利用多波段、全极化的雷达数据可以显著的提高识别精度。Jia 等（2011）指出在区分棉花和冬小麦上 ASAR 的 C 波段要优于 TerraSAR - X 的 X 波段，然而监测我国南方的水稻田时，TerraSAR - X 卫星确定稻田种植面积的变化准确度可达到 90%。李坤等（2012）基于 RadarSat - 2 全极化数据，以贵州高原丘陵为试验区，研究水稻的极化响应特征及其时域变化规律，根据极化分解理论分析水稻及典型地物的散射机制及其差异，并根据水稻散射机制的特点提取水稻信息。赵天杰等（2009）通过将 ASAR 的 VV 极化、PALSAR 的 HH、HV 极化以及光学数据结合，对北京市昌平区的农作物类型进行识别，结果表明利用多波段、双极化的雷达数据可以增加地物的可分离性，更有益于提取地表信息。Guindon（1984）通过将三个波段（X、C、和L）的 HH 和 VV 极化结合，将研究区分成了五大类（甜菜区、马铃薯区、冬小麦区、冬大麦区和燕麦区），结果表明多波段、多极化的结合使分类精度达到了 90% 以上。多波段 SAR 图像可以从多个波段突出地表植被的分布区域和几何特征，因此，在 SAR 应用中可引入全极化数据或多波段数据，结合数据融合技术，并与图像处理分析方法相配合，进行基于 SAR 遥感图像的地物识别将是非常有益的（韩立建等，2007；李富城等，2009）。

3. 雷达和光学数据相结合的作物识别研究

雷达系统利用微波与地物的相互作用，记录的后向散射信息能较好反映地物的介电特性和几何结构特征，但图像理解、解译困难。另外，作为一种相干测量系统，雷达接收的信号经常受到相干斑噪声的干扰，从而影响其对地物的识别精度。光学遥感具有丰富的光谱信息，雷达比光学遥感的波长长，空间分辨率高，不受天气的影响和制约，主要反映植被的结构特征与介电特性，与单一数据源比较，二者结合能够减小或消除目标地物可能存在的多义性、不完全性、不确定性和差异性（孙家炳，2003）。由于光学传感器数据能反映地物的光谱特征信息，因此能够在一定程度上弥补雷达在地物识别方面存在的缺陷。曾亮（2011）在文章中提到多维数据的融合可以减少单一数据源的不完全性，能够提升结果的精确性和稳定性。光学和雷达数据的结合逐渐被众多科研学者所关注（Dong 等，2013；Michelson 等，2000；薛莲等，2010）。鉴于 SAR 与光学遥感在地物识别方面所表现出的不同特点，近年来，随着政府部门和社会公众对农情信息需求的日益增高，将两者相结合进行农作物识别逐渐为国内外众多学者关注并加以研究应用。已有研究表明，结合光学和微波传感器的各自优点，可有效增加数据所含有用信息，增强对地物的识别能力。如 Blaes 等（2005）对 SAR（ERS-1 和 RADARSAT-1）与光学影像（SPOT-XS 和 Landsat ETM）的农作物识别能力进行了评价研究，发现对于复杂的农作物类型（小麦、玉米、甜菜、大麦、马铃薯及牧草），联合 SAR 和光学影像至少可提高 5% 的识别精度，且能缩短 1~1.5 个月的农作物遥感监测周期。Haldar 和 Patnaik（2010）通过 2 个时相的 RADARSAT-1 SNB（ScanSAR Narrow Beam）数据与 IRS-P6 AWIFS 数据相结合对位于印度境内 2 个研究区的水稻面积进行监测，结果表明利用光学遥感提供的作物光谱特征作为辅助数据，可对早晚稻的种植面积进行有效识别。Kussul 等（2014）联合 SAR（RADARSAT-2）和光学影像

（EO－1，Earth Observing Mission）对乌克兰的农作物进行了分类研究，发现 SAR 与光学影像相结合对夏季作物（玉米、大豆、向日葵及甜菜）进行分类的精度较高，分类误差一般在 10% ~ 15%。赵天杰等（2009）将 ASAR、PALSAR 以及 TM 数据进行结合，其研究结果表明双频多极化 SAR 数据能够提供有利于作物类型识别的信息，并产生重要的可分离性，其结合多光谱数据进行作物类型识别是一种有效的途径，具有较大的优势。张海龙等（2006）将 Radarsat SAR 和 Landsat TM 为数据源将二者进行融合，结果显示融合后的影像可以较好地保持原始多光谱图像的光谱特性，与此同时又与 SAR 遥感图像的高空间分辨率的性质保持了良好的一致性，与原始 TM 影像分类结果相比，通过信息融合，遥感影像的分类精度有较大提高，因此可以认为数据融合为提高遥感图像清晰度、可靠性和解译准确度提供了一种较优的方法。Blaes 等（2005）、Soria-Ruiz 等（2010）利用光学影像和 Radarsat－1 遥感数据的融合结果对旱地作物冬小麦、玉米等进行识别研究，结果表明通过光学遥感影像和雷达遥感影像的联合应用作物识别精度有了显著提高。贾坤等（2011）结合环境卫星的多光谱影像与 ENVISAT ASAR 单极化影像，提高了单独利用多光谱数据对地物的识别精度，二者融合结果相对于单独利用多光谱数据分类精度提高了约 5%。Dong 等（2013）将多景 Landsat TM/ETM 和 ALOS PALSAR 影像融合并对甘蔗进行识别，发现利用光学与雷达数据相结合可使甘蔗的识别精度提高到96%。

对多源遥感信息进行综合处理需要数据融合技术。目前，数据融合的方法较多，包括 HIS（Intensity，Hue，Saturation）变换、Brovey 变换、主成分分析（Principal Component Analysis，PCA）及小波变换等，在融合光学和微波数据进行农作物识别应用方面，现有研究大多采用 PCA 方法。如 McNarin 等（2000）使用 PCA 方法对 ENVISAT ASAR 和 TM 数据进行融合来提高农作物分类精［McNairn 等，2000］。贾坤等采用 PCA 方法对环境星多光谱数据与 ENVISAT ASAR VV 极化数据进行融合，并对 VV 极化数据改善多光谱遥感数据的农作物分类精度情况进行了评价研究，结果表明，2 种数据之间的融合充分利用了环境卫星数据的光谱信息和 VV 极化数据对于地物结构敏感的特征，不但增强了不同地物之间的光谱差异，而且提高了作物分类精度。两者融合后分类精度比单独使用环境卫星数据提高了约5%。

4. 基于 SAR 数据的作物长势监测研究

政府决策者、农产品市场及农户都需要掌握农作物长势信息，以便在粮食出现大规模短缺和盈余的情况下及时的做出应对策略。美国是最早开展"大面积作物估产试验（Large Area Crop Inventory and Experiment，LA-CIE）"的国家，其应用 Landsat/MSS 遥感数据对小麦进行估产，精度达90%，随后又连续开展了"农业和资源的空间遥感调查计划（Agriculture and Resources Inventory Surveys Through Aerospace Remote Sensing，Agri-STARS）"，以及欧盟的 MARS（Monitoring Agricultural Resources）计划。我国以国家气象局为主，于 20 世纪 80 年代中期首次开展大规模遥感估产，接着中国科学院、农业部遥感中心等单位都实施了农作物遥感估产项目。其中光学遥感被普遍应用在农作物估产和长势监测方面，并且已经取得了一系列成果，然而随着政府和民众需求的进一步提高，发现光学遥感卫星由于受天气条件的制约无法保证关键遥感数据的获取，阻碍了作物关键生育期的长势监测。雷达遥感不受云雨天气影响的特性为农作物关键物候期的长势监测提供了时效性保障（Nicolas 等，2009）。

雷达微波与植被之间的相互作用十分复杂，受到诸多因素的影响，包括植被结构、植被含水量、频率、极化方式和入射角等。目前，研究者发展了多种雷达后向散射模型来刻画微波和植被之间的相互作用。一般可分为 3 类：物理模型、半经验模型和经验模型。理论模型的优点在于能够详尽地描述入射微波和目标之间的相互作用。早期著名的辐射传输模型是密歇根微波植被冠层模型（MIchigan MIcrowave Canopy Scattering，MIMICS）。MIMICS 首次将来自植被冠层的散射分解为树冠层、树干层和地面散射，为研究植被覆盖地表不同散射机制提供了理论支持。MIMICS 虽然是针对森林建立起来的理论模型，但通过模型的简化处理，发现它也可适用于一些农作物（杨浩，2015）。在此为基础上，研究者发展了水稻的散射模型（Le Toan，1997；Wang，2009；Zhang，2014）、小麦的散射模型（Marliani，2002；Brown，2003；Xu，2014）、大豆的散射模型（de Roo 2001）等。鲍艳松等（2007）基于 ASAR - APP 和 TM 影像数据，利用 MIMICS 模型对小麦覆盖地表的土壤湿度进行研究，确定了土壤湿度反演的最佳极化条件。蔡爱民等（2010）选择两期 Radarsat - 2 全极化数据作为数据源，时相为 2009 年 4 月 25 日和 5 月 26 日，分别对应小麦的孕穗期和乳熟期，以理论模型 MIMICS 模拟为依据，通过研究发现，HH/VV 在孕穗期对作物的长势信息比较敏感，乳熟期作物长势与 VV/VH 有较好的相关性。邵芸（2000）、邵芸等（2001，2002）和董彦芳等（2005）根据辐射传输理论，建立了各具特色的水稻后向散射模型。

　　然而随着研究的深入，模型越来越复杂，理论模型在实际应用中的能力受到诸多输入参数难以获取和确定的限制。半经验模型是在理论模型的基础上进行简化，模型的参数相对较少，并具有一定的物理意义，在实际应用中有较大的优势。MIMICS 模型是针对树林建立起来的理论模型，但通过模型的简化处理，发现它也可适用于一些农作物。Attema 和 Ulaby（1978）针对农作物进一步简化了植被覆盖层的散射机制，提出半经验的水云模型并得到了很多成功过应用。杨沈斌（2008）利用水稻水云模型及 HH/VV 反演了水稻生物学参数，结果显示，与 VV 极化相比，HH 极化与水稻生长参数更敏感，HH/VV 可与水稻叶面积指数和冠层含水量直接建立经验模型进行反演。Durden 等（1995）利用水云模型反演了水稻的叶面积指数（Leaf Area Index，LAI）。Inoue 等（2002）利用多频散射计测定不同的频率和角度条件下的后向散射，利用水云模型对后向散射系数与水稻冠层参数间的关系进行了分析。

　　虽然半经验模型被广泛运用，但半经验模型在模型参数确定中仍较多依赖地面数据。经验模型建立的基础是后向散射系数会随着植被生长参数的变化而变化，因此经验模型主要是建立后向散射系数和植被参数之间的统计关系，侧重于潜力探测和敏感性分析。Paloscia（1998）通过实地数据的采集并利用经验模型对多频率雷达后向散射系数和叶面积指数间的关系进行探究，相比之下，L 波段的 HV、HH/VV 与叶面积表现出了最优的敏感性，其中最明显的是宽叶植被，其相关系数达到

0.86。申双和等（2009）利用双极化 ASAR 数据分析了各个极化及极化间的比值信息与水稻生长参数之间的敏感性，为反演水稻参数做出了尝试。杜鹤娟等（2013）通过比较光学和微波数据监测作物参数的能力，发现通过将叶面积指数进行分段，可以实现二者的互补。但经验模型同样需要大量野外实测数据，且模型的普适性差，难以直接应用到其他区域，在很大程度上模型质量还依赖于所获取的数据质量。

5. 问题与展望

随着雷达技术和理论的发展，农作物 SAR 识别研究在数据源的使用方面由早期的单波段、单极化 SAR 数据向多波段、多极化转变，继而发展为现在的全极化数据；在农作物 SAR 分类算法研究方面，由最初的常规统计算法逐渐过渡到机器学习算法，直至目前的基于极化分解理论的非监督分类算法。经过 20 多年的研究与试验，农作物 SAR 分类与识别无论在监测的时空范围、精度、时效性均取得了长足的进展，但仍存在一些问题和不足，影响了雷达技术在农作物遥感监测方面的进一步应用。总结国内外在农作物 SAR 识别方面存在的问题，可以得出以下认识。

（1）监测的农作物类型比较单一。SAR 以其具有全天时、全天候、受云雾影响小等优点而被广泛应用于地表植被识别与面积监测。然而，现有国内外的相关研究大多集中在水稻 SAR 识别与监测方面，监测的农作物类型与种植结构较为单一和简单，而对旱地作物（小麦、玉米、棉花等）的识别与面积监测研究则相对较少。分析原因在于相对于其他共生植物，水稻的介电常数较高，而雷达对地物的介电特性较为敏感，因此易将水稻与其他地物区分开来。另外，对复杂种植结构条件下（如共生农作物类型较多）的农作物分类识别研究也鲜有报道。由于旱地作物在中国的种植面积大、空间分布广、需求量高，因此及时、准确地掌握旱地作物的种植面积信息对于保障国家粮食安全意义重大。然而，不同于水稻，旱地作物在其全生长期内没有水层覆盖，其介电常数与周围共生植被的差异不明显，种植结构也相对复杂。另一方面，考虑到在旱地作物的关键生长期经常受云雨天气影响，存在无法获取足量有效的光学遥感影像的问题，这种情况下，雷达数据甚至成为唯一可用的遥感数据源。因此，为及时、准确地了解旱地作物的种植面积及其空间分布信息，开展复杂种植结构背景下的旱地作物 SAR 识别研究显得尤为迫切和重要。

（2）农作物 SAR 识别的精度仍有待提高。农作物遥感识别精度的高低决定了农作物面积监测结果的可信与否。尽管随着星、机载 SAR 技术的不断发展，农作物 SAR 识别的精度有了一定程度的改善和提高，但相对于光学遥感识别结果，总体精度水平仍不高，尤其针对非水稻类农作物，识别精度甚至不足85%。无论作为独立的遥感数据源还是光学遥感的补充数据，SAR数据尚不能完全满足现有对农作物面积遥感监测的精度要求。虽有一些研究获得了90%以上的识别精度，但研究条件大多局限于特定的研究对象（如水稻）、区域（小尺度区域）、方法及相对较为简单的种植结构背景，研究结果尚未在复杂农作物种植结构条件下的大尺度区域得到验证与应用。随着雷达系统功能参数和性能指标的不断更新与改进，多时相、多频率、多极化、多入射角、高空间分辨率的SAR数据逐渐能为人们所获取并应用。因此，如何优化组合SAR系统的多个工作参数（极化方式、频率、入射角等）及与光学遥感融合来提高农作物识别精度无疑成为未来农作物SAR识别研究的一个重要趋势。

另外，值得一提的是激光雷达（Light Detection And Ranging，LiDAR）技术，该技术作为一种新型空间对地观测手段已被广泛应用于高精度DEM（Digital Elevation Model）、nDSM（Normalized Digital Surface Model）的自动提取及地物自动识别中。机载激光雷达系统能够快速获取精确地面物体的三维坐标，进而获取地表物体的垂直结构形态，同时配合地物照片或红外成像结果，更加增强了对地物的识别能力。由于不同反射面介质对激光信号的反射特性不同，因此，为提高地物识别精度，联合激光强度和高程信息进行农作物分类识别具有广阔的发展前景和应用需求。

（3）农作物 SAR 分类算法的机理性研究不足。合适的分类算法不仅考虑了极化 SAR 数据的空间分布特征，又能发掘隐藏在极化信息下的地物后向散射机制，因此可获得更高的分类精度。以往国内外农作物 SAR 分类算法大多采用常规统计算法或机器学习算法（陈劲松等，2004；黄发良，2004）。这 2 种算法均根据目标变量的统计学特征对其进行分类研究，分类过程中包含的经验成分较多。这类对目标变量的概率分布也有特定要求，属于非机理性算法。该类算法集中表现出的问题是对目标地物的物理散射机制缺乏研究，无法从机理角度将农作物与周围地物的后向散射特征逐一区分，致使农作物 SAR 分类精度偏低、稳定性较差。另外，也制约了该类算法在不同作物类型、不同地区间的选择与应用。针对这一问题，今后应加强不同作物对不同极化方式后向散射系数的影响与作用机理研究，充分利用极化分解理论揭示各种地物散射体的物理机理，依据多种目标地物的后向散射特征与差异，重点从机理性角度同时兼顾 SAR 数据的空间统计特征进行分类算法设计与研制，为有效改善农作物 SAR 分类精度与稳定性提供解决途径。

三、研究内容与研究思路

1. 研究内容

本书的研究内容主要涉及以下 3 个方面。

（1）基于雷达后向散射特征的旱地作物识别。采用多时相多极化 SAR 遥感影像与土地覆盖类型地面调查数据叠加方法进行旱地作物后向散射特征分析。以雷达影像时相为横轴，以不同地物的后向散射系数为纵轴，分别绘制不同极化下的各种地物折线图，分析各种地物的后向散射变化规律，以支持向量机分类精度配合 Jeffries-Matusita 距离（J－M）作为标准对研究区 5 类地物（玉米、棉花、水体、建筑物和树林）的可分离性进行探究，优选出识别旱地作物的最佳极化和时相条件，通过对训练样本进行统计获取分类阈值，利用决策树分类法对研究区 5 类地物类型进行识别，并与支持向量机分类法进行比较。

（2）基于多变量信息的旱地作物识别及变量重要性评价。首先通过对比不同时相间的组合结果，优选出了研究区典型旱地作物（玉米、棉花）最佳识别时相及组合方式。其次，提取最优识别时相的后向散射信息、纹理信息、极化分解等 3 部分信息，将上述 3 部分信息进行相互组合，并利用随机森林法进行分类，根据分类结果对该 3 部分信息进行重要性评估。最后利用随机森林算法对变量的重要性评价机制，对旱地作物识别中的所有变量进行评价，并针对玉米进行变量优选。构建多种时相信息组合，评价多时相信息对结果的贡献率。

（3）雷达后向散射信息与生长参数相关性分析。采用样方实测方法获取旱地作物各个生长期的主要生物学指标，包括株高；植株密度；叶面积指数；植株干、鲜重，生物量等地面测量数据。集中进行玉米后向散射系数与其生长参数的相关性分析，包括叶面积指数、地面生物量、株高等。根据优选出的最佳条件，建立基于经验后向散射关系模型，利用这些模型反演玉米的生物学参数。

2. 研究思路

为全面利用 SAR 数据提高旱地作物在关键生育期的识别精度和时效性，本研究首先对 SAR 进行预处理，使雷达影像满足研究需要；其次，基于处理后雷达影像提供的后向散射系数与土地覆盖类型实地测量数据，进行旱地作物后向散射特征分析，比较旱地作物与其他地物的后向散射差异并以支持向量机分类精度配合 J－M 距离作为标准对研究区 5 类典型地物进行详细的可分离性分析，利用决策树法和支持向量机法对研究区进行分类；然后，利用多种信息组合评价不同信息在研究区地物识别中的贡献，并进一步优选旱地农作物玉米和棉花的最佳识别时相，提取最优时相的后向散射信息、纹理信息、极化分解信息，利用信息间的相互组合分类精度分析各种信息对结果的重要性。最后，结合野外实测数据，对雷达后向散射信息与作物参数的敏感性进行分析。本研究的总体技术见图 1－1。

四、本章小结

本章介绍了研究的立题依据，并着重介绍了雷达遥感的发展史及在国内外的发展状况，指出了农作物 SAR 识别存在的问题及应用前景。最后，阐述了主要涉及的研究内容和研究思路。

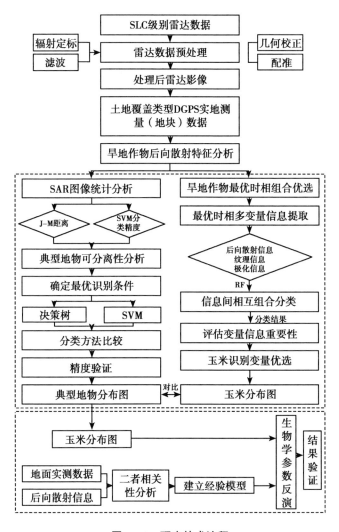

图 1 - 1　研究技术流程

Fig. 1 - 1　The flow chart

第二章 实验数据与基本原理

一、研究区概况

研究区位于河北省衡水深州市。深州为衡水市的县级市，位于河北省东南部，衡水市西北部，地处黑龙港流域，位置界于东经115°21′～115°50′，北纬37°42′～38°11′，属低平原区，北临饶阳县、安平县，南接桃城区、冀州市，东连武强县、武邑县，西与辛集市交界，总面积为 1 252km²。该市下设 18 个乡镇，465 个行政村，2009 年末总人口达 57.2 万。境内地势平坦开阔，由西至东高程点逐渐降低，由西南向东北稍微有倾斜，最高处海拔 29m，最低处海拔 16m。由于历史上长期受河流冲刷，境内逐渐形成部分沙丘地貌、缓岗和浅平低洼平原。深州市处于暖温带半干旱大陆性季风气候区，四季划分明显，光热条件充足，温度适中。春季干旱少雨，多大风天气，夏季虽然炎热但雨水充足，秋季天气清爽，空气清新，冬季寒冷干燥且降雪少。年平均气温

12.6℃，无霜期多于190天，年降水量在400～700mm。降雨主要集中在7—8月。由于大陆性季风气候显著，大风、低温、干旱、冰雹等自然灾害较多，农业生产受到一定影响。

研究区面积为25km×25km，主要土地利用类型为农业用地，作物熟制为一年一熟或一年两熟制，秋收作物主要是玉米和棉花。玉米于6月初种植，10月初收获，棉花为4月种植，10月下旬收获，玉米面积占绝大部分，棉花的比例较少，分散分布。研究区主要覆盖地物类型共5类，分别是玉米、棉花、树林、水体和建筑用地。研究区内主要作物类型为玉米和棉花，明确旱地作物（玉米、棉花）的物候资料，为旱地作物识别和测量生物学参数提供参考，为数据订购提供依据（图2-1）。

玉米生长期：玉米于5月种植，10月初收获。具体物候期如表2-1。

表2-1　深州市玉米物候历

播种出苗期	拔节期	抽穗期	乳熟期	成熟期
5月下旬—6月中旬	6月下旬—7月中旬	7月下旬—8月上旬	8月中旬—9月中旬	9月下旬—10月上旬

棉花生长期：棉花为6月种植，10月下旬收获。具体物候期如表2-2。

表 2 - 2　深州市棉花物候历

播种出苗期	苗期	蕾期	花铃期	吐絮期
4 月中旬— 4 月底	5 月上旬— 6 月上旬	6 月中旬— 7 月中下旬	8 月上旬— 9 月下旬	9 月下旬— 11 月初

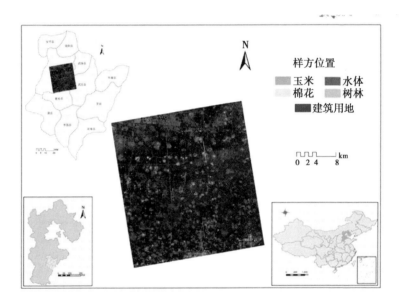

图 2 - 1　研究区位置

Fig. 2 - 1　The location of the study area

二、数据获取与地面试验

研究区主要覆盖地物类型共 5 类，分别是玉米、棉花、树林、水体和建筑用地。玉米、棉花、水体的样方通过 GPS 实地获取，建筑用地和树林随时间变动较小，二者地面样方主要通过 GF-1 号光学数据获取。实验共记录了 30 个地面控制点，其均匀分布在研究区内，用于影像精矫正。样本详细情况见表 2-3。针对旱地作物玉米和棉花，在样方数据中分别抽取了 12 个棉花样方、15 个玉米样方，用于测定作物的生物学参数。棉花样方尺寸约为 50m × 50m，玉米样方约为 100m × 100m，具体面积视田块自然边界而定。以上样方为大样方，在大样方内又设置 3 个小样方进行生物学参数的测量，每个小样方测量 3 次，取其平均作为该小样方的参数值。样方的选取考虑了 3 个方面：一是具有一定代表性，能够反映研究区主要地物类型，同时空间距离不能太近；二是开车容易到达；三是远离村庄、电视塔，避免对雷达信号产生干扰（图 2-2）。

表 2-3　样方数据

Table 2-3　The sample data

地类	训练样本		验证样本	
	样方数	像元数	样方数	像元数
树林	37	1 202	13	1 816
建筑用地	38	14 359	14	7 505
水体	21	640	8	919
棉花	18	1 072	8	296
玉米	50	8 219	18	5 491

地面调查数据主要包括获取样方点，以及参与生物

学参数测量样方的地物类型及边界数据（矢量格式），利用差分 GPS 采集作物样方边界数据并详细记录地物覆盖类型。试验过程中先后 6 次（2014 年 6 月 3 日、6 月 27 日、7 月 21 日、8 月 14 日、9 月 7 日和 10 月 1 日）赴研究区进行地面样方的选取与生物学参数的测量，为分析旱地作物的后向散射机制与特征规律提供参考依据，为遥感反演旱地作物生物学参数提供验证数据。

图 2 - 2　野外地面调查情况

Fig. 2 - 2　The conditions of ground survey

1. 野外实测数据与方法

2014 年 6 月 3 日至 10 月 1 日间，采用差分式 GPS 对样方内的土地覆盖类型进行实地测量，包括样方点、旱地作物类型等，最终形成矢量格式文件，与 SAR 影像进行叠加，用于确定各种地物类型的后向散射特征（如图 2 - 3 所示）。

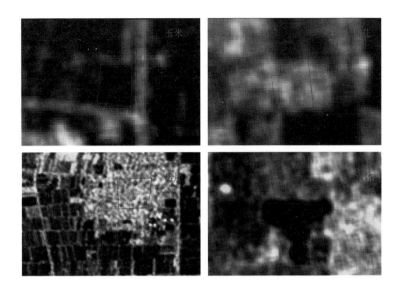

图 2 – 3 矢量边界与 SAR 影像叠加

Fig. 2 – 3 The overlay image of vector image and SAR data

样方内旱地作物生物学参数测量。

株高（cm）：使用钢卷尺测量作物株高。每个小样方内选 3 株长势均匀的植株测量其自然高度，取 3 者平均值作为该样方的作物株高。

植株密度（株/m²）：由于玉米和棉花都是行播作物，因此测量范围选取 4 个行距（垂直于垄向）、5 个株距（平行于垄向）作为测量范围，并求出单行距离及单株距离，二者的乘积作为单株作物的占地面积，进而计算出每平方米的株数即植株密度。

叶面积指数 LAI：采用 LAI – 2000 植被冠层分析仪

进行信息采集。每个样点记录 3 个值求平均值。

植被鲜、干重：取 3 株具有代表性的玉米，将根、茎、叶分别装入已知重量的密封塑料袋中，带回室内分别称重，记录各个部分的鲜重（FW），即：$FW_根$、$FW_茎$ 和 $FW_叶$；植被干重是将上述称完鲜重的组织放入 100～105℃ 的烘箱内，进行杀青 45 分钟，然后把烘箱温度调到 85℃，烘至恒重后在干燥箱中冷却至恒温进行称重，记录各个部分的干重（DW），即：$DW_根$、$DW_茎$ 和 $DW_叶$。为了加速烘干，对于茎秆、果穗等器官组织应事先切成细条或碎块。则作物各部分的含水量（CWR）为：

$$CWR_i(\%) = \frac{FW_i - DW_i}{FW_i} \times 100 \qquad (2.1)$$

其中，i 为根、茎、叶。以上步骤的目的是探索后向散射系数与植被各器官含水量的相关性。

控制点的测量：控制点的测量应集中在实验前期。该时期农作物株高矮，GPS 受周围情况的影响较小，且有利于实验的实施。控制点应选取在影像上易于定位的位置。在有影像的前提下，应先在雷达影像上做初步的确定，不可胡乱猜测。应选在能准确判断的位置上，如线状地物的交角或地物的拐角上，道路的交叉口、桥梁，都是适于布点的地方。

受播种日期和长势的限制，棉花、玉米的生物学参数分别从 2014 年 6 月 27 日、7 月 21 日起进行测量。图 2-4 显示的是为对观测样区内获取的实验数据均值化

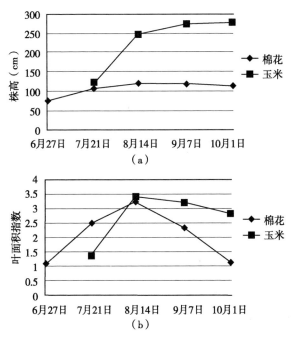

图 2-4　玉米、棉花的株高

(a) 叶面积指数 (b) 随时间的变化

Fig. 2-4　The change of plant height, LAI of maize and cotton over time

处理后的结果，用于反映该实验区内作物生长和发育的平均状况。从图中可以看出，玉米株高在整个生长期内一直处于增高的状态，生长期结束时，株高接近 280cm，株高在 7 月 21 日至 8 月 14 日间的增幅最大，近 130cm；8 月 14 日后，增幅迅速下降。棉花的高度于 8 月 14 日达到最高，6 月 27 日至 7 月 21 日间高度变化最明显，达到

31cm，该时期棉花处于蕾期，长势最旺盛，高度变化最大；7月21日后棉花的高度变化趋于平缓，8月14日后，随着棉花临近生育期的尾期，高度稍有下降。

叶面积的情况与株高不同，玉米和棉花的叶面积均是先迅速增长再下降。叶面积最大值出现在8月14日，LAI最大值均接近3.5。不同的是，在玉米成熟期，叶片仍呈绿色，植株上部没有明显的叶片脱落情况，叶片枯黄脱落集中在下部，对叶面积的影响小，因此玉米叶面积指数在后期没有明显下降。棉花在生长后期，有明显的叶片脱水、变黄、脱落的过程，因此棉花的叶面积在后期呈现出迅速的下降趋势。从图2-5可以看出，

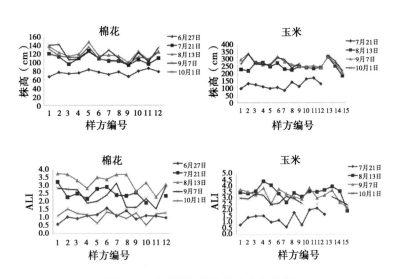

图2-5 观测样区作物基本生长状况

Fig. 2-5 Basic growth conditions of crops in the study area

由于玉米和棉花生长期内田间管理的差异，导致样方之间株高和叶面积指数的差别较大。图 2 – 6 为棉花和玉米于卫星过境时的生长图片。

2014.06.27   2014.07.21

2014.07.21   2014.08.14

2014.08.14   2014.09.07

2014.09.07   2014.10.01

图 2 – 6 棉花和玉米不同生长期

Fig2 – 6 Different growing season of maize and cotton

2. 光学数据及预处理

研究需借助光学数据，原因有两点：一是受野外任务量的限制，高分辨率的光学影像能有效地用于辅助选取研究区内地表类型变化不大的样本，比如房屋和树林；二是在分类过程中发现城区建筑物有明显的二面角结构，容易区分，而农村地区的房屋多为砖土结构，在分类中建筑物对分类结果影响较大，因此研究中借助光学影像以消除建筑物对分类结果的影响。本研究使用4景2013年5月高分一号（GF-1）宽覆盖光学成像卫星数据（空间分辨率8m）。通过对多光谱和全色图像的融合得到了2m分辨率的影像。其预处理过程包括图像裁剪、拼接、图像融合、投影转换、几何精矫正、感兴趣区裁剪及与雷达数据配准等。

3. 雷达数据及预处理

结合玉米和棉花的物候特征，本研究购买了6个时相（2014年6月3日、2014年6月27日、2014年7月21日、2014年8月14日、2014年9月7日以及2014年10月1日）的研究区精细全极化（Fine-Quad polarization，FQ）单视复型（SLC）RADARSAT-2数据。该数据保留了各波束模式将得到的最优分辨率，以及雷达数据最优的相位和振幅信息。这6个时相数据为该卫星连续重访周期数据，覆盖了

研究区内玉米和棉花的整个生育期。该模式数据标称幅宽
为25km，分辨率为5.2m×7.6m（距离向×方位向），入射
角范围为18至49，有4种极化方式HH、HV、VH和VV。
表2-4为本研究数据具体参数。

其预处理过程包括辐射定标、几何校正、影像配准
以及噪声滤波（LEE自适应滤波算法，窗口大小为
5m×5m）。本研究中雷达数据预处理软件使用的是
NEST软件。NEST软件全称是Next ESA SAR Toolbox，
是欧空局专门为处理雷达数据提供的数据包，共有3个
版本，现在更新到了4C-1.1，该软件可读取、预处理、
分析和显示雷达数据。图2-7为NEST软件数据处理界
面，运用该软件建模功能，可一次性流程化地处理雷达
影像，同时可保存处理方式，用于其他时相影像预处
理。雷达数据经处理后，空间分辨率为8m。图2-8为
预处理后的雷达图像。

表2-4　雷达遥感数据参数

Table 2-4　The parameters of SAR remote sensing data

获取时间	模式	视向	升降轨	产品级别	入射角（度）	分辨率（m）
2014-06-03	FQ19	右视	升轨	SLC	38.51	5.2×7.6
2014-06-27	FQ19	右视	升轨	SLC	38.51	5.2×7.6
2014-07-21	FQ19	右视	升轨	SLC	38.51	5.2×7.6
2014-08-14	FQ19	右视	升轨	SLC	38.51	5.2×7.6
2014-09-07	FQ19	右视	升轨	SLC	38.51	5.2×7.6
2014-10-01	FQ19	右视	升轨	SLC	38.51	5.2×7.6

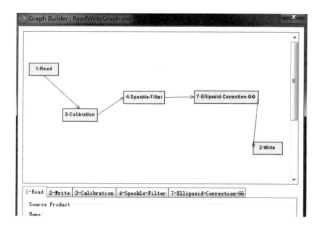

图 2 – 7　NEST 雷达数据预处理界面

Fig. 2 – 7　SAR data preprocessing using NEST

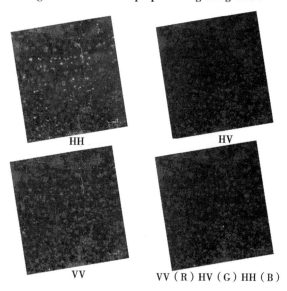

图 2 – 8　预处理后的 SAR 数据图像 （以 6 月 3 日为例）

Fig. 2 – 8　The SAR images on June 3 after pre-processe

三、雷达遥感基本原理

微波波长位于1mm至1m之间，实质上是属于无线电波范围内的一种电磁波，比常用的可见光、红外线的波长要长几个数量级，因此决定了雷达探测物体与光学传感器的方式不同（郭华东、徐冠华，1995；郭华东，2000）。遥感可被分为两类，一种是主动遥感，另一种是被动遥感。雷达遥感主要属于主动遥感，主动雷达遥感是通过自身发射雷达信号，并根据接收的回波信息对地物进行判断。光学遥感基本都属于被动遥感，自身不发射信号，主要利用接收到的太阳的辐射信号对目标进行识别。此外，雷达遥感可以对目标地物的介电常数、湿度等物理特性进行反演，并且还可以提供地物的各种几何特性。而光学遥感主要反应地物的光谱特性。

1. 微波的散射

微波的散射主要涉及表明散射、体散射、散射截面和散射系数等概念。

（1）表面散射。研究中将自然表面分解成无数的平面元，当中有小尺寸的几何形状称为粗糙度。表面散射过程中，表面的粗糙度十分重要。如果表面是光滑的，那该散射称为镜面反射，特点是入射能量波与法线的夹角和反射波与法线的夹角相同，还有一部分为从表面向下形成折射波或透射波。如果表面是粗糙的，那么入射波的方向会朝向各个方向，形成散射场，即漫反射。

（2）体散射。体散射主要在介质内部产生，是与介质相互作用后产生的多次散射的总体有效散射。当介质存在不均匀或者不同介质相互混合的状况，此时常发生体散射。体散射在植被中较为常见。

（3）散射截面与散射系数。散射截面：一个可与目标等效的各向同性反射体的截面积，它是一种表征雷达回波强度的物理量。

散射系数：在既定方向上的单位立体角内，单位散射体积对入射电磁波单位能流密度的散射功率。它是入射电磁波与地面目标相互作用结果的度量。

2. 雷达方程

在雷达遥感系统中，雷达天线会向地面发射雷达信号，发射的信号可以透过大气到达目标表面。目标地物与微波信号相互作用并向各个方向散射，雷达传感器的天线捕捉的只是微波散射过程中后向散射的那部分。通常由雷达方程表示雷达系统、目标地物与接受信号之间的基本关系：

$$W_r = W_e \frac{G^2 \lambda^2}{(4\pi)^3 R^4}(\sigma^\circ A) \qquad (2.2)$$

式中，W_r 为雷达传感器获取到的功率；W_e 为雷达传感器所发射的功率；R 为目标地物距离雷达天线的长度；G 为天线增益；λ 为波长；$\sigma^o A$ 为地物目标总的雷达散射截面，其中 A 为天线孔径的接收面积，雷达散射截面定义为单位面积的雷达散射，即雷达后向散射系数 σ^o。

从雷达方程可以推断出，当雷达系数参数 W_e、G、λ 及雷达与目标距离 R 确定后，天线所接收的回波功率 W_r 与后向散射系数 σ^o 直接相关。

由于得到的后向散射系数数量级都比较小、动态变化范围不大，因此实际应用中常用分贝的形式来表示：

$$\sigma^o(dB) = 10 \times \log \sigma^o \qquad (2.3)$$

3. 雷达遥感系统参数

雷达遥感系统主要涉及波长（频率）、入射角和照射带宽度、极化方式等参数。

（1）波长（频率）。微波波长范围位于 1mm 至 1m 之间，频率在 $0.3GH_z \sim 300GH_z$。从雷达方程可推断出雷达接收的信号强度与入射波长有直接关系。与此同时，雷达遥感系统使用的波长长度，决定了表面粗糙度的大小以及入射信号对地物的穿透能力，也直接决定了雷达回波信号的强弱。表 2 – 5 给出了遥感常用的 8 种微波波段。

表 2 - 5　雷达波段、波长和频率

Table 2 - 5　Radar bands with frequencies and wave lengths

雷达频率波段	波长（cm）	频率（GHz）
P	133 ~ 76. 9	0. 225 ~ 0. 390
L	76. 9 ~ 19. 3	0. 390 ~ 1. 55
S	19. 3 ~ 7. 1	1. 55 ~ 4. 20
C	7. 1 ~ 5. 2	4. 20 ~ 5. 75
X	5. 2 ~ 2. 7	5. 75 ~ 10. 90
Ku	2. 7 ~ 1. 36	10. 90 ~ 18. 0
K	1. 67 ~ 1. 18	18. 0 ~ 26. 5
Ka	1. 36 ~ 0. 83	26. 5 ~ 40. 0

（2）入射角和照射带宽度。入射角是雷达系统发射的入射波束与当地大地水准面垂线之间的夹角，它直接影响到雷达后向散射信息的大小，并且也是影像上目标地物由于叠掩或者透射收缩产生位移的主要原因。入射角与后向散射强度密切相关，入射角越小，回波强度越大。

雷达波照射到地面的宽度被定义为照射带宽度。图像上的近距点对应雷达波具有较大的俯角，并且回波强度大；远距点对应的雷达波俯角小，造成回波强度小。相同的目标地物如果位于雷达波的不同俯角区域时，接收到的回波强度可能也存在差异，在雷达遥感影像上表现出的特征也可能不相同。因此，多视向可提供丰富的雷达信息，增加雷达视角可作为丰富雷达遥感资料的重要技术手段。

（3）极化方式。雷达波束是一种具有极化性质的微波，雷达波到达地面与目标地物相互作用时会使雷达的极化进行不同方向的旋转，进而出现水平和垂直两个分量，通过利用雷达天线获取水平和垂直方向的极化信息，就可产生四种极化方式：HH、HV、VH 和 VV。雷达系统的极化方式，可对回波强度和各个方向的信息接收能力产生影响，致使图像之间产生差异。因此，在目标地物识别过程中，可以充分利用不同极化的差异，更好地观察和确定目标的特性和结构，提高图像的识别能力和精度。

4. 雷达遥感及雷达图像的特征

与光学遥感相比，雷达遥感主要具备以下 3 方面的优势：

（1）不受天气的影响。雷达系统主要利用自身发射的电磁波对目标地物进行识别和观测等任务，与光学遥感系统最大的差异是依赖的信息源不同，光学依赖于太阳光，雷达依靠自身发射的电磁波。因此，微波遥感可以昼夜全天时的工作。相比于可见光和红外线，微波的波长要长得多，几乎不受云雾的散射影响。

（2）雷达图像信息丰富。雷达遥感为人工源，根据需求可以改变传感器的参数，可以对目标地物进行多入射角、多频率、多极化的观测，可进一步增加丰富的雷达信息，达到准确监测目标地物的目的。

（3）雷达对地物具有穿透性。雷达系统发射的微波其波长长，不仅能够穿云透雾，而且对某些地物比如植被、土壤、冰雪等都有一定的穿透能力。因此，它不仅能够反映地球表面的信息，还可以进一步提供地表以下物质的信息，且穿透深度与介电常数成反比，与波长成正比。

四、本章小结

深州研究区地处华北地区粮食主产区，该地区地势平坦、作物类型结构单一，主要农作物为玉米和棉花，其他作物较少，适用于雷达数据对旱地作物进行尝试性和探索性的研究。本章主要介绍了野外实测数据、遥感数据和雷达基本原理，为后面的研究提供了重要保障。

第三章 基于雷达后向散射特征的旱地作物识别

一、典型地物后向散射特征分析

植被接收的雷达回波受多种因素的影响，包括植株密度、植株结构、土壤含水量、植被含水量等。时相的差异、作物品种的不同、地域的不同都会产生不同的雷达回波，这也是利用雷达遥感作物识别的基础。利用GPS测量的地面样方数据，从多时相全极化SAR数据中提取4种极化方式下5类地物（玉米、棉花、树林、水体和建筑用地）的后向散射系数，用于分析各地物的后向散射特征。图3-1和图3-2分别给出了不同时相、不同极化方式下的研究区各类典型地物的后向散射系数变化情况。从图3-1中可以看出对于所有地物类型而言，HH和VV两种同极化方式较交叉极化HV和VH后向散射系数要高，交叉极化后向散射系数几乎相同，在分类时选择其中一种即可。

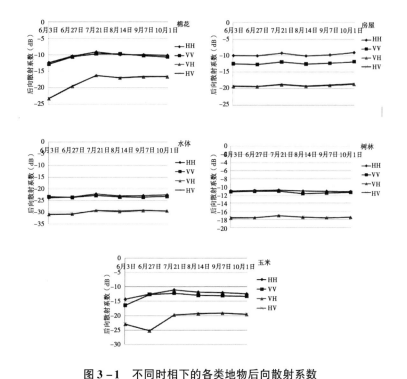

图 3 – 1　不同时相下的各类地物后向散射系数

Fig. 3 – 1　Backscattering coefficients of various

objects in different time phases

下面详细说明各类地物的后向散射特征:

1. 玉米

玉米垂直结构明显,因此,对玉米而言 HH 极化条件下后向散射系数高于 VV 极化的相应值。6 月 3 日地表情况特殊,此时玉米样方内是尚未收获的小麦,雷达后向散射系数反映的是成熟期小麦的特征。6月27日玉米交叉极化呈现明显的下降趋势，之后再上升，这是交叉极化对农作物田间轮作最直观的反应，说明交叉极化对农作物轮作表现的最明显。6月27日玉米处于苗期，被麦茬覆盖，随着玉米的生长，σ^o 逐渐增大，7月21日达到最大值，之后基本保持稳定。

2. 棉花

6月3日棉花处于出苗期，被地膜覆盖，表面散射较强，因此该时期棉花的后向散射强度较小。随着棉花的生长，冠层体散射占据主要的后向散射部分，后向散射强度增加。7月21日 σ^o 达到最大，其后略有下降，从图3-1可以发现各种地物类型在7月21日均出现峰值，研究发现7月21日研究区范围内有过大量降雨过程，降雨导致地表含水量提高，农作物复介电常数增大，进而地表的后向散射回波明显增强。

3. 水体

雷达波照射到水体表面产生的主要为镜面反射，几乎没有回波信息，在雷达后向散射系数图像上表现为暗色调。与其他地物相比，水体 σ^o 值非常小，与其他地物存在明显区别。不同时相间水体 σ^o 存在差异，造成水体各时相间 σ^o 差异的原因主要包括两个方面：一是不同风力作用下的水面波浪引起后向散射的差异；二是深州地区水体面积较小，不同时相间地表水体面积变化引起 σ^0 的变化。由于微波具有穿透的特性，当水量减少时，雷达天线接收到的回波信息就必然包含了环境信息。

4. 建筑物

虽然城区高大建筑物因其独特的建筑结构和坚硬的水泥表面会形成二面角反射形成高亮区域，但在农村地区情况却不同。农村地区建筑物分布稀疏且大多为砖土结构，二面角反射不明显，加上其周围常伴有蔬菜或林木种植，降低了农村建筑物的后向散射系数。建筑物作为固定不变的探测目标，其后向散射系数基本不随时间变化。

5. 树林

待分类别中的树林主要由树苗、果树和树林组成，由图 3-2 可以看出，任意极化方式下，不同时相间建筑和树林后向散射系数接近且变化趋势近似。10 月 1 日 HH 极化方式下建筑和树林后向散射系数差异最大，但仅有 2.04dB，二者在分类时难以区分。

图 3-2 为不同极化方式下研究区各类地物后向散射系数随时间变化情况。从图中可以看出，各地物在同

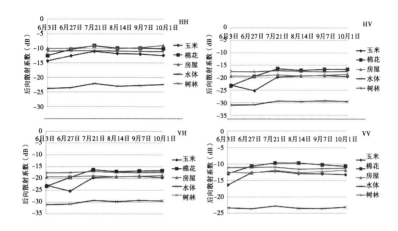

图 3-2 不同极化方式下的各类地物后向散射系数

Fig. 3-2 Backscattering coefficients of various
objects with different polarization corresponding

一极化方式下对雷达信号响应有所差异，且7月21日前差异最明显，7月21日后除水体外各类地物后向散射系数差异不明显。在各极化方式下，水体都具有较好的分离度。在6月27日，交叉极化方式下玉米的后向散射系数与其他地物有明显的区别，原因是6月3日和6月27日间由于田间轮作，使得玉米后向散射系数呈现明显下降的趋势，该时期地表玉米处于出苗期，地表结构简单，使得玉米在6月27日交叉极化图像上呈现明显的低谷，该时期玉米与水体相差近5.8dB，与其他地物最近距离为4.5dB，差异明显，可利用6月27日的交叉极化将玉米与其他地物进行区分。6月3日VV极化方式下玉米后向散射系数也明显异于其他地物，与其他地物最小相差 2.7dB，但该时期地面作物实际为小麦，因此该特征在分类中未利用到。除去水体和玉米的后向散射，树林、建筑物和棉花在 6 月 3 日交叉极化下差异较大，有助于分类。棉花与树林、建筑物最明显的区别在于 6 月 3 日至 7 月 21 日期间，棉花后向散射系数一直处于上升状态，而树林和建筑物的后向散射系数基本不变。

待分类别中的树林主要由树苗和果树组成。树林和建筑物后向散射系数变化趋势很接近，在四种极化方式下变化幅度小，难以区分。理想状态下建筑物几何结构、形态与农作物相差较大，会由于二面角反射形成高亮地区，但这些特征在建筑物密集分布的城市地区表现的更为明显。在农村地区，建筑物大多为砖土结构，二面角反射不明显，周围常伴有蔬菜或树林，从而降低了建筑物后向散射系数，使其与其他地物产生混淆。

二、典型地物分类指标选取

J – M 距离是基于特征计算不同类别样本的距离，来衡量类别的分离度，是分类评价中度量分离性有效的工具（Richards，1999）。多数研究在利用后向散射系数进行分类时，多采用定性的方式来分析地物的后向散射特征，进行特征优选并进行分类，然而单纯利用后向散射系数的分析只利用了样方的均值信息，存在不确定性。J－M距离用于确定两个类别间的差异性程度，这是一种定量的方式来衡量训练样本的可分离性，它不需要假定地物的正态分布，具有较好的通用性（凌飞龙等，2007）。J－M值的取值范围是 [0，2]，0 表示两个类别在某一特征上几乎完全混淆，2 表示两个类别在某一特征上能够完全分开。J－M值越接近1.8说明样本之间可分离性好；小于1.8大于1.4属于合格样本；小于1.4需要重新选择样本；小于1则须考虑将两类样本合成一类样本。

基于某一特征的两类样本 J－M 距离计算过程可表示为：

$$J = 2(1 - e^{-B}) \qquad (3.1)$$

（式中，B 是某一特征维上的巴氏距离。两种不同类别间样本对象的巴氏距离（Bhattacharyya distance，B）的计算公式如下所示：

$$B = \frac{1}{8}(m_1 - m_2)^2 \frac{2}{\delta_1^2 + \delta_2^2} + \frac{1}{2}\ln\left[\frac{\delta_1^2 + \delta_1^2}{2\,\delta_1\,\delta_2}\right] \quad (3.2)$$

（式中，m_i 表示某类特征的均值；δ_i^2 表示某类特征的方差；其中，$i = 1，2$）。

三、典型地物可分离性分析

1. 水体可分离性分析

从图 3 - 2 可以看出，相比于其他地物，水体最易区分。为探究水体识别过程中是否存在条件限制问题，本实验选取了水体与其他地物后向散射系数差值最小的两个极化方式进行验证，分别为 6 月 27 日的 HV 极化方式（与其他地物间最小差值为 5.5dB），和 6 月 3 日的 HV 极化方式（与其他地物间最小差值为 4.7dB）。以可分离性作为指标，如果在差值最小时，水体和其他地类能够区分开，那么可以确定在其他条件下也能将水体识别出来。表 3 - 1 统计了 6 月 27 日 HV 和 6 月 3 日 HV 条件下水体与其他地物的 J - M 距离。

表 3 - 1　水体可分离性分析

Table 3 - 1　Analysis of water separability

		树林	建筑物	棉花	玉米
6 月 3 日 HV	水体	1.99	1.97	1.85	1.91
6 月 27 日 HV	水体	1.99	1.95	1.98	1.16

从表 3 - 1 可以看出，6 月 27 日 HV 条件下，水体和玉米的 J - M 距离最小，仅为 1.16，其他均在 1.9 以

上，说明此条件下水体和玉米易混淆。此时玉米处于拔节前期，植株矮小，地表大部分裸露，加上该时间段内农田灌溉现象明显，因此玉米在交叉极化条件下的后向散射系数很低，与水体易发生误分。而在 6 月 3 日 HV 条件下，水体与其他地类的 J – M 距离均达到 1.8 以上，说明水体与其他地物能较好的区分。因此，为减少玉米与水体的误分，在玉米的苗期至拔节前期不适宜进行水体的识别。

2. 玉米可分离性分析

由于 6 月 3 日玉米尚未播种，且该时相之后水体易于区分，因此在进行玉米可分离性分析时将 6 月 3 日这一时相及水体排除掉。

为优选玉米与其他地物分离性最大的条件组合，本实验统计了各时相条件下玉米与其他地物类型的可分离性，依据 J – M 距离对时相的优劣进行排序。表 3 – 2 为不同时相条件下玉米与其余地物的 J – M 距离。从表中可以看出，识别玉米的最佳时相（J – M 距离由大到小）依次为 6 月 27 日、10 月 1 日、8 月 14 日、9 月 7 日和 7 月 21 日。

表 3 – 2　不同时相玉米与其他地物的 J – M 距离

Table 3 – 2　J – M distances between maize and other objects in different time phases

	J – M 距离（月日）	棉花	树林	建筑物	J – M 均值
玉米	6 月 27 日	1.44	1.84	1.59	1.62
	7 月 21 日	0.85	0.60	0.53	0.66
	8 月 14 日	1.19	0.52	0.51	0.74
	9 月 7 日	1.04	0.50	0.53	0.69
	10 月 1 日	1.30	0.85	0.79	0.98

通过对图 3 – 2 玉米后向散射特征的分析，得出 6 月 27 日交叉极化方式下玉米最易区分。除水体外，玉米与其他地物后向散射系数的差值在 5.6dB 以上。因此，选择 6 月 27 日的 HV 作为区分玉米的最佳极化方式，并在其基础上逐一加入其他极化条件，每次加入的极化以 J – M 距离作为评价标准，目的是为了找出识别玉米的最佳极化组合。表 3 – 3 给出了不同极化方式组合下玉米与其他地物的 J – M 距离，从表中可以看出，单一极化方式下 $HV_{6.27}$ J – M 距离（表示 6 月 27 日 HV 极化方式的 J – M 距离）为 1.45，增加一种极化方式，J – M 距离普遍增加，但只有 $(HH/VV)_{6.27}$ 的加入增幅最大，$HV_{6.27}$ + $(HH/VV)_{6.27}$ J – M 距离达到了 1.63，其他组合方式的 J – M 距离无明显增加，$(HH/VV)_{6.27}$ 的加入主要是增加了玉米和房屋的可分离性，J – M 距离由原先的 1.21 增加到 1.84。这表明（表 3 – 3）增加极化方式可

有效提高作物识别精度，诸多研究结果与这一观点一致（邵芸等，2001；丁娅萍等，2014）。

表 3 - 3　不同极化方式组合下玉米与其他地物的 J - M 距离

Table 3 - 3　J - M distances between maize and other objects under different polarization corresponding

J - M 距离		棉花	树林	建筑物	J - M 均值
$HV_{6.27}$	玉米	1.37	1.79	1.21	1.45
$HV_{6.27} + HH_{6.27}$	玉米	1.35	1.76	1.19	1.43
$HV_{6.27} + VV_{6.27}$	玉米	1.34	1.77	1.28	1.46
$HV_{6.27} + (HH/VV)_{6.27}$	玉米	1.31	1.75	1.84	1.63
$HV_{6.27} + (HH/HV)_{6.27}$	玉米	1.33	1.76	1.24	1.44
$HV_{6.27} + (VV/HV)_{6.27}$	玉米	1.33	1.77	1.30	1.47
$HV_{6.27} + (HH - VV)_{6.27}$	玉米	1.31	1.75	1.47	1.51
$HV_{6.27} + (HH - HV)_{6.27}$	玉米	1.35	1.76	1.19	1.43
$HV_{6.27} + (VV - HV)_{6.27}$	玉米	1.34	1.77	1.28	1.46

注：$(HH/VV)_{6.27}$ 表示 6 月 27 日 HH 极化方式与 VV 极化方式的比值；$(HH - HV)_{6.27}$ 表示 6 月 27 日 HH 极化方式与 VV 极化方式的差值；以此类推

上述研究是单时相条件下通过增加极化方式来提高玉米与其他地物的可分离性。从结果可以看出：$(HH/VV)_{6.27}$ 的加入对提高玉米与其他地物的可分离性发挥了积极作用。在 6 月 27 日单时相条件下 $HV_{6.27}$ 和 $(HH_{6.27}/VV_{6.27})$ 的组合为最优极化方式组合。在时相的可分离性分析中，10 月 1 日仅次于 6 月 27 日，为玉米识别的最佳时相。下面将从增加时相的角度进行玉米与其他地物可分离性分析。

表 3 - 4 给出了两个时相组合条件下的玉米与其他地物的 J - M 距离。从表中可以看出，在 $HV_{6.27}$ +

（$HH_{6.27}/VV_{6.27}$）的基础上，增加10月1日数据的 J – M 均值均有增加，表明时相的增加对地物识别有积极的影响。在加入 $HV_{10.1}$ 和（$HV_{10.1} - HV_{6.27}$）后 J – M 距离均达到1.75，增加的幅度最大。为探究不同极化组合对玉米识别能力的影响，选取 $HV_{6.27}$、$HV_{6.27}$ +（HH/VV）$_{6.27}$、$HV_{6.27}$ +（HH/VV）$_{6.27}$ + $HV_{10.1}$、$HV_{6.27}$ +（HH/VV）$_{6.27}$ +（$HV_{10.1} - HV_{6.27}$）四种组合方式进行验证，使用生产者分类精度作为指标进行评价。其中，分类器的选择尤其重要，为避免特征数据空间的改变对分类器的影响。本实验选择支持向量机（Supported Vector Machine，SVM）（Cortes 和 Vapnik，1995；Suykens，2001）分类法进行验证，是由于 SVM 结构上为基于核的监督分类器，它的表现不受特征维数影响（赵德刚等，2010）。表3 – 5 给出了4 种组合条件下玉米分类精度。从表3 – 5 可以看出，随着维数的增加，分类精度有所提升。10月1日时相的加入对分类精度的贡献较小，增幅不到1%，6月27日一期的影像就可使玉米的分类精度达到80%以上，说明在玉米的识别中6月27日的影像最为重要。其中对玉米识别贡献最大的莫过于6月27日的交叉极化方式，单一极化条件下玉米识别精度达到81.01%，表明交叉极化方式在旱地作物识别中的巨大潜力，同时可以发现随着 J – M 距离的增加，玉米的识别精度也在增加，二者呈正相关关系，验证了将

J - M 距离用于 SAR 遥感数据特征分析中的可行性。

表3-4 两个时相组合条件下玉米与其他地物的 J - M 距离

Table 3 - 4 J - M distances between maize and other

objects under 2 temporal combinations

J - M 距离		棉花	树林	建筑物	J - M 均值
$HV_{6.27} + (HH/\,VV)_{6.27}$	玉米	1.31	1.75	1.84	1.63
$HV_{6.27} + (HH/VV)_{6.27} + HH_{10.1}$	玉米	1.48	1.76	1.89	1.71
$HV_{6.27} + (HH/VV)_{6.27} + VV_{10.1}$	玉米	1.49	1.77	1.85	1.70
$HV_{6.27} + (HH/VV)_{6.27} + HV_{10.1}$	玉米	1.61	1.80	1.85	1.75
$HV_{6.27} + (HH/VV)_{6.27} + (HH/VV)_{10.1}$	玉米	1.33	1.75	1.93	1.67
$HV_{6.27} + (HH/VV)_{6.27} + (HH/HV)_{10.1}$	玉米	1.33	1.75	1.89	1.65
$HV_{6.27} + (HH/VV)_{6.27} + (VV/HV)_{10.1}$	玉米	1.32	1.75	1.85	1.64
$HV_{6.27} + (HH/VV)_{6.27} + (HH - VV)_{10.1}$	玉米	1.31	1.75	1.88	1.64
$HV_{6.27} + (HH/VV)_{6.27} + (HH - HV)_{10.1}$	玉米	1.33	1.76	1.88	1.65
$HV_{6.27} + (HH/VV)_{6.27} + (VV - HV)_{10.1}$	玉米	1.33	1.76	1.85	1.64
$HV_{6.27} + (HH/VV)_{6.27} + (HH_{10.1} - HH_{6.27})$	玉米	1.39	1.79	1.87	1.68
$HV_{6.27} + (HH/VV)_{6.27} + (HV_{10.1} - HV_{6.27})$	玉米	1.61	1.80	1.85	1.75
$HV_{6.27} + (HH/VV)_{6.27} + (VV_{10.1} - VV_{6.27})$	玉米	1.39	1.80	1.87	1.68

表3-5 不同时相组合下玉米的分类精度

Table 3 - 5 Classification accuracy of maize under

different temporal combinations

	$HV_{6.27}$	$HV_{6.27} + (HH/\,VV)_{6.27}$	$HV_{6.27} + (HH/VV)_{6.27} + HV_{10.1}$	$HV_{6.27} + (HH/VV)_{6.27} + (HV_{10.1} - HV_{6.27})$
J - M 距离	1.46	1.63	1.75	1.75
玉米精度	81.01%	81.50%	82.26%	82.13%

3. 棉花可分离性分析

在识别出水体和玉米的基础上，集中优选棉花与建筑、树林分离性最佳时相的极化组合。从图 3 - 2 中可以看出，棉花与建筑、树林最明显的区别有两点：一是 6 月 3 日交叉极化方式下棉花的后向散射系数小于树林和建筑；二是 6 月 3 日至 7 月 21 日间，随着棉花的生长其后向散射系数逐渐增大，而建筑和树林则一直处于平缓状态。基于这两个差别，本实验针对 6 月 3 日和 7 月 21 日两个时相进行棉花可分离性的分析。一方面探究识别棉花的最佳极化方式组合；另一方面检验定性分析的可靠性。表 3 - 6 给出了两个时相及其组合条件下棉花与其余地物的 J - M 距离。

从表 3 - 6 中可以看出，棉花与树林和建筑的 J - M 距离值普遍偏低，原因是研究区内棉花地块小且分散，受斑点噪声影响严重，与其他地物可分离性小。从图 3 - 2 中可以看出 6 月 3 日交叉极化条件下棉花与建筑和树林存在差异。经计算发现 $HV_{6.3}$ 条件下棉花与树林和建筑的 J - M 距离为 1.25，生产者精度只有 28.72%，证明了定性分析在特征优选时存在不确定性。$HV_{7.21}$ - $HV_{6.3}$ 表现较好，J - M 均值为 1.39，通过 $HV_{6.3}$ 和 $HV_{7.21}$ - $HV_{6.3}$ 的结合，J - M 均值增加了 0.1。由分类结果可以发现，在 $HV_{7.21}$ - $HV_{6.3}$ 条件下棉花的识别效果最好，精度为 73.31%。同时计算了（$HV_{7.21}$ − $HV_{6.3}$）+（$HH_{7.21}$ − $HH_{6.3}$）和（$HV_{7.21}$ − $HV_{6.3}$）+（$VV_{7.21}$ − $VV_{6.3}$）条件下的可分离性，与 $HV_{7.21}$ − $HV_{6.3}$ 相比 J − M 均值变动不大，说明交叉极化方式在识别棉花的过程中较同极化效果好。结果表明在研究区地物识别过程中，利用 $HV_{7.21}$ − $HV_{6.3}$ 进行棉花识别效果最好。

表 3 − 6　两个时相及其组合下棉花与其他地物的 J − M 距离

Table 3 − 6　J − M distances between cotton and other objects in two time phases and their combination

J − M 距离		树林	建筑物	J − M 均值	生产者精度	用户精度
$HV_{6.3}$	棉花	1.63	0.86	1.25	28.72%	56.29%
$HV_{7.21}/HV_{6.3}$	棉花	1.26	1.34	1.30	—	—
$HV_{7.21} - HV_{6.3}$	棉花	1.38	1.40	1.39	73.31%	66.77%
$HV_{6.3} + (HV_{7.21} - HV_{6.3})$	棉花	1.60	1.39	1.49	68.58%	70.00%
$(HV_{7.21} - HV_{6.3}) + (HH_{7.21} - HH_{6.3})$	棉花	1.50	1.36	1.43	—	—
$(HV_{7.21} - HV_{6.3}) + (VV_{7.21} - VV_{6.3})$	棉花	1.53	1.40	1.46	—	—

4. 建筑物可分离性分析

从图 3 − 2 可以看出，建筑物和树林的后向散射系数接近且四种极化方式下变化趋势相似，难以区分。虽然建筑物物理及几何结构、形态与树林相差较大，但农村地区建筑周围常伴有蔬菜或林木，削弱了建筑物的后向散射系数。因此，建筑物的识别需借助光学影像。本实验收集了 2013 年 5 月份研究区的 GF - 1 数据，由于建筑物年际间变动较小，该光学影像可以满足需求。通过对光学数据的预处理获取研究区的 NDVI 影像，结合建筑物和树林的训练样本提取二者各自的 NDVI 值。经统计，将建筑物和树林区分的阈值设定为 0.3，即 NDVI 小于 0.3 为建筑用地。

四、典型地物识别与精度评价

1. 决策树分类法

决策树分类法（Decision Tree Classifier，DTC）是基于遥感图像中各像元的特征值设定分类阈值，采取分层逐次的方式进行地物类型区分的一种分类方法。决策树分类法具有构建快速、规则浅显易懂等特点，因此是一个十分受欢迎的分类和预测工具。本书借助决策树分类法对遥感影像进行分类试验，并将分类结果与支持向量机分类法进行对比、评价。决策树算法可以像分类过程一样被定义，依据规则把遥感数据集逐级往下细分以定义决策树的各个分支（图 3 - 3），决策树由一个根结点（root nodes）、一系列内部结点/分支（Internal nodes）和终极结点/叶（Terminal）组成，每一结点（nodes）只有一个父结点和两个或多个子节点（周成虎等，2003）。

决策树分类器是基于多层分类方法，将遥感数据按照树状结构分配为若干分枝，并由连接的节点组成，其中起到决策作用的节点存放规则运算表达式，类似叶子的节点存放的是运算结果，从上而下分而治之。它是基于知识表达的分类方法，通过一系列二叉决策分支将影像各个像元划分到对应的类别中去，从而使遥感数据归为两类，每个类似叶子的节点也可以成为下一级的决策作用的节点。决策树分类法具有灵活、直观、清晰、强健、运算效率高等特点，在遥感分类上表现出巨大的优势。

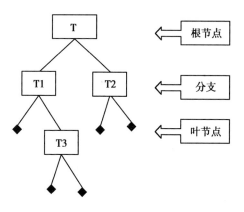

图 3 – 3　决策树分类法

Fig. 3 – 3　Diagram of Decision Tree Classifier

本书基于各类地物 σ^0 的差异，通过对各地物训练样本中 σ^0 进行统计分析设定分类阈值，进而构建决策二叉树分类器。图3-4给出了研究区典型地物决策树分类流程。分类阈值选定为待分类别与最近邻类别的均值。假设在水体的识别中，各类地物后向散射系数统计值满足以下关系：α水体<α房屋<α玉米<α树林<α棉花（α水体代表水体σ°的统计值），那么水体的分类阈值则为（α水体+α房屋）/2，即小于（α水体+α房屋）/2的值则认定为水体。通过对图3-2分析，水体的识别选择$VV_{6.27}$，阈值为-19，玉米的识别选择$HV_{6.27}$，阈值为-22.34，棉花的识别选择$HV_{7.21}$-$HV_{6.03}$，阈值为3.7，房屋的识别选择NDVI数据，阈值为0.3。可以发现在玉米和棉花的识别中均用到了交叉极化方式，说明在旱地作物识别中交叉极化比同极化效果好（图3-4）。图3-5给出了决策树分类结果。

2. 支持向量机分类法

支持向量机（Support Vector Machine）是由Cortes和Vapnik（1995）率先提出，它在解决小样本、非线性及高维模式识别中表现出许多特有的优势，并能够推广应用到函数拟合等其他机器学习问题中。SVM是建立在统计学习理论的VC维理论和结构风险最小原理基础上，根据有限的训练样本信息在特定训练样本的学习精度和学习能力之间寻求最优折中点，以获得较优的推广能力（或称泛化能力）。所谓VC维是对函数类的一种度量，

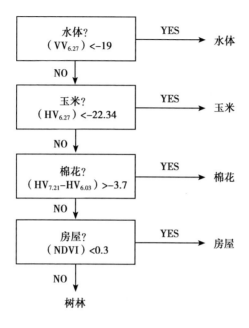

图 3 – 4　研究区典型地物决策树分类流程

Fig. 3 – 4　Decision Tree Classifier Flow of Typical

Objects in the Study Area

可以简单的理解为问题的复杂程度，VC 维越高，一个问题就越复杂。正是因为 SVM 关注的是 VC 维，所以 SVM 解决问题的时候，和样本的维数是无关的。支持向量机将输入空间通过非线性变换转变为一个高维空间，求取一个最优分类面，将低维度的分类问题转变为高纬度的分类问题，大大降低了分类的难度（黄发良等，2004；Suykens 等，2001）。

　　为比较 SVM 和决策树分类法在进行旱地作物识别时

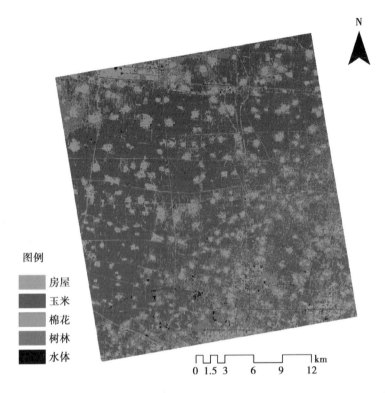

图 3 - 5 决策树分类结果

Fig. 3 - 5 The classification result of the typical ground objects by DTC in the study area

的效率优劣，需要将两者置于相同水平上进行对比。光学影像仅参与建筑物的识别，因此需要统一决策树分类法和支持向量机法在建筑物识别时的精度。利用掩膜的方式统一建筑物分类精度。首先，在 ARCGIS 中单独提取决策树分类结果的建筑用地，再将用于决策树分类的其他三景影像，即 $VV_{6.27}$、$VV_{6.27}$ 和 $HV_{7.21} - HV_{6.03}$ 合并成多波段的影像，利用提取出的建筑物对该多波段影像进行掩膜处理，对掩膜后的影像在 ENVI 中进行支持向量机分类。图 3 - 6 给出了 SVM 分类结果。

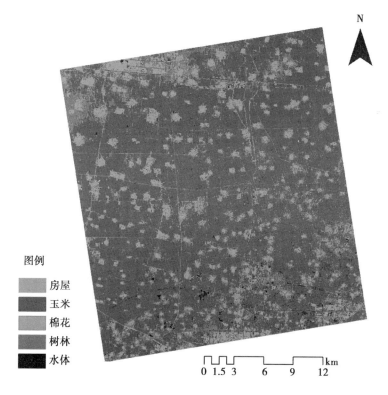

图 3 - 6 SVM 分类结果

Fig. 3 - 6 The classification result of the typical ground objects by SVM in the study area

3. 精度评价

本文采用混淆矩阵进行两种方法的分类精度评价。其中玉米、棉花、水体的验证数据为实测数据，建筑用地和树林的验证数据利用高分影像辅助获取，精度评价指标是总体精度和 Kappa 系数。对分类结果进行相同的分类后处理（聚类），消除了部分斑点噪声。

表 3−7 给出了采用两种方法进行地物识别的分类精度结果。从表中可以看出，SVM 分类结果比决策树法分类结果总体精度提高了 4%，Kappa 系数提高了0.064。除棉花外，SVM 分类法的地物识别精度较决策树法相比均有所提高，棉花的制图精度下降了 10%，其用户精度提高了约25%，且支持向量法与决策树法相比较，棉花的错分误差降低了约25%。从图 3−5 和图 3−6 分类结果图可以明显的看出，两种分类结果中棉花的分布存在较大差异，经过多次实地调查，已明确研究区内各类型地物的分布情况，其中 SVM 分类法得到的结果与实际相符，而决策树分类结果中将部分玉米误分为棉花。棉花分类精度较低的原因包括两个方面：一是研究区棉花地块的面积较小且分散，斑点噪声对其影响较大；二是决策树分类法的阈值选择不是最优。从分类结果中还可以看出，SVM 分类法在对斑点噪声的控制方面优于决策树分类法。通过两种分类方法的比较，表面在

北方旱地作物识别中，SVM 分类法优于决策树分类法，且 SVM 分类法在识别小面积、地块破碎的地物上优势十分明显（例如棉花，表 3 – 7）。

表 3 – 7　不同分类方法的精度比较

Fig. 3 – 7　Accuracy comparison of different classification methods

地物	决策树分类法		支持向量机法	
	制图精度（%）	用户精度（%）	制图精度（%）	用户精度（%）
水体	98.59	100	99.24	99.02
玉米	84.34	96.54	95.06	94.74
棉花	88.85	17.27	78.38	42.57
建筑用地	93.47	95.47	93.47	95.47
树林	72.03	90.02	80.07	85.38
	总体精度88.12%Kappa系数：0.822		总体精度92.55%Kappa系数：0.886	

五、本章小结

　　本章主要通过遥感和地面调查数据的结合，分析了研究区典型地物的后向散射特征。以 SVM 分类精度配合 J – M 距离作为标准，优选出典型地物识别的最佳极化组合，并利用决策树法和 SVM 对典型地物进行了识别与精度验证，比较了两种分类法的作物识别结果。结果显示利用 SAR 识别旱地作物时应着重关注作物生长前期的时相，玉米最佳识别时相为苗期至拔节前期之间，最佳极化方式为交叉极化，用 6 月 27 日 HV 极化进行玉米识别时，精度达 80% 以上；棉花识别的最佳时相为苗期至花蕾后期之间，最佳极化方式为交叉极化，研究区内棉花种植面积少而分散，受斑点噪声的影响分类精度不高。在旱地作物识别中 SVM 优于决策树法，尤其针对破碎地块，支持向量机分类方法更适合旱地秋收作物识别。

第四章　旱地作物识别辅助变量信息提取及其重要性评价

第三章介绍了利用各类地物后向散射特征的差异进行地物识别，但该方法的缺点是信息量单一，使得棉花的识别精度不高。因此，本章在后向散射信息的基础上增加辅助信息（极化分解信息和纹理信息），然后利用随机森林法进行分类，并以分类精度为指标，分析辅助变量信息的加入对地物分类结果的影响，评价了不同变量信息的重要性。

一、旱地作物分类辅助变量信息提取

1. 极化信息提取

极化信息是雷达数据的独特优势。极化 SAR 通过测量地面每个分辨单元内的散射回波，进而获得极化散射矩阵 ［S］。极化散射矩阵将目标散射的位置特性、相位特性以及极化特性统一起来，完整的描述了雷达观测目标的散射特性。

$$S = \begin{bmatrix} S_{HH} & S_{HV} \\ S_{VH} & S_{VV} \end{bmatrix} \tag{4.1}$$

式中 H 为水平极化，V 为垂直极化；其中 S_{HH} 和 S_{VV} 是同极化分量，S_{HV} 和 S_{VH} 是交叉极化分量。

分析极化数据能有效地提取目标的散射特性，采用的分析方法就是极化分解理论。目标分解理论是为了更好地解译极化数据而发展起来的（Cloude 等，1996）。极化目标分解定理最早由 Huynen（1970）提出，利用目标分解理论对全极化数据进行目标散射机制的解译，可进一步分析地物的物理和几何特征（Armando 等，2014；Stefan 和 Serkan，2014），促进极化信息的充分利用，该目标分解理论得到了众多雷达研究人员的重视（王庆等，2012；依力亚斯江等，2015；安文韬等，2010；阿里木等，2015；牛东等，2014；丁维雷等，2013；李雪薇等，2014）。

极化目标分解的方法（Cloude 等，1996）大致可分为两类：一类是相干目标分解，是针对目标散射矩阵的分解，此时要求目标的散射特征是确定的或稳态的，散射回波是相干的；另一类是非相干目标分解，是针对极化协方差矩阵［C］和极化相干矩阵［T］等的分解，此时目标散射可以是非确定的，回波是非相干或部分相干的。由于自然界中存在大量的复杂目标，因此本实验选择非相干分解来描述目标特性。极化分解过程在 Pol-SARPro – v4.2.0 软件中实现，分解方法选择了三种常见的非相干分解方法：Cloude-Pottier 分解，Freeman-Durden 分解以及 Yamaguchi 分解。

将 ［S］矩阵向量化得：

$$\vec{K} = \frac{1}{\sqrt{2}} \left[S_{XX} + S_{YY} \quad S_{XX} - S_{YY} \quad S_{XY} + S_{YX} \quad j(S_{XY} - S_{YX}) \right]^T$$

(4.2)

由于在后向散射满足互异性的时候 $S_{XY} = S_{YX}$，因此四维极化目标矢量可以简化为三维矢量：

$$\vec{K} = \frac{1}{\sqrt{2}} \left[S_{XX} + S_{YY} \quad S_{XX} - S_{YY} \quad 2 S_{XY} \right]^T \quad (4.3)$$

将散射矢量矩阵 $\vec{K}$ 与其共轭转置矢量矩阵 $\vec{K}*$ 求外积，可得到三维极化相干矩阵 T_3，

$$T_3 = (\vec{K} * \vec{K}^*)$$

$$= \frac{1}{2} \begin{bmatrix} (|S_{HH} + S_{VV}|^2) & ((S_{HH} + S_{VV})(S_{HH} - S_{VV})^*) & 2((S_{HH} + S_{VV})S_X^*) \\ ((S_{HH} - S_{VV})(S_{HH} + S_{VV})^*) & (|(S_{HH} - S_{VV})|^2) & 2((S_{HH} - S_{VV})S_X^*) \\ 2(S_X(S_{HH} + S_{VV})^*) & 2(S_X(S_{HH} - S_{VV})^*) & 4(|S_X|^2) \end{bmatrix}$$

(4.4)

式中，$S_X = S_{HV} = S_{VH}S_{VH}$。

相干矩阵 ［T］与协方差矩阵 ［C］包含的信息量相同，二者线性相关，可以相互转换：

$$T = A C A^{-1} \quad (4.5)$$

其中：

$$A = \begin{bmatrix} \sqrt{2}/2 & 0 & \sqrt{2}/2 \\ \sqrt{2}/2 & 0 & -\sqrt{2}/2 \\ 0 & 1 & 0 \end{bmatrix}$$

Cloude-Pottier 分解

Cloude 分解（Cloude 等，1997）将相干矩阵［T］分解成 3 个互相正交矩阵的加权和，其中每一个矩阵对应着一种散射机制。

$$T = \lambda_1 e_1 e_1^* + \lambda_2 e_2 e_2^* + \lambda_3 e_3 e_3^* = \sum_{i=1}^{3} \lambda_i T_i$$

$$(4.6)$$

式中，λ_i 为 T 的第 i 个特征值；e_i 为相应的特征向量。

实际应用中为了便于分析，引入 3 个参数：熵、各向异性和平均 α 角，它们是特征值和特征矢量的函数。散射熵定义为 $H = \sum_{i=1}^{3} - P_i \log_3 P_i$，描述了散射过程的随机性，其中 $P_i = \lambda_i / \sum_{i=1}^{3} \lambda_i$ 为第i中散射机制出现的概率。散射熵（$0 \leqslant H \leqslant 1$）表示散射过程从各向同性散射（$H=0$）到完全随机散射（$H=1$）的随机性。平均散射角定义为 $\alpha = \sum_{i=1}^{3} P_i \alpha_i$，其值在 $[0°, 90°]$ 上连续变化，表示从表面散射到二面角散射的平均散射机制。各向异性参数 A 定义为 $A = \dfrac{\lambda_2 - \lambda_3}{\lambda_2 + \lambda_3}$，反熵 A 的大小反映了 Cloude 分解中优势散射机制以外的两个相对较弱的散射分量之间的大小关系。

Freeman-Durden 分解（FM）

1998 年，Freeman 和 Durden（Freeman 和 Durde，1998）在 Van Zyl 的工作基础上，将极化协方差/相干矩阵分解成 3 种散射机理的加权和，包括体散射、二次散射和表面散射：

$$[C] = f_s\,C_s + f_d\,C_d + f_v\,C_v = f_s \begin{bmatrix} |b|^2 & 0 & b \\ 0 & 0 & 0 \\ b^* & 0 & 1 \end{bmatrix} +$$

$$f_d \begin{bmatrix} |a|^2 & 0 & a \\ 0 & 0 & 0 \\ a^* & 0 & 1 \end{bmatrix} + f_v \begin{bmatrix} 1 & 0 & 1/3 \\ 0 & 2/3 & 0 \\ 1/3 & 0 & 1 \end{bmatrix} \qquad (4.7)$$

式中：C_s、C_d 和 C_v 分别为表面散射、二次散射和体散射机理的协方差矩阵；f_s、f_d 和 f_v 为相应的权重；a 和 b 分别为二次散射和表面散射的参数。通过建立方程组（Freeman 和 Durde，1998）最终可以获取各种成分的功率：

$$P_s = f_s(1 + |b|^2) \qquad (4.8)$$

$$P_d = f_d(1 + |a|^2) \qquad (4.9)$$

$$P_v = 8f_v/3 \qquad (4.10)$$

Yamaguchi 分解（YM）

Yamaguchi 分解方法（Yamaguchi 等，2005）是在 Freeman – Durden 分解的基础上发展起来的。该方法在 Freeman – Durden 三分量的基础上引入不对称因素的螺旋结构的简单几何体散射分量作为第四个分量，该分量由螺旋体散射引起，常常出现在城市区域，从而适用于人工地物存在的应用背景。

$$[C] = f_s\,C_s + f_d\,C_d + f_v\,C_v + f_h\,C_h$$

$$= f_s \begin{bmatrix} |b|^2 & 0 & b \\ 0 & 0 & 0 \\ b^* & 0 & 1 \end{bmatrix} + f_d \begin{bmatrix} |a|^2 & 0 & a \\ 0 & 0 & 0 \\ a^* & 0 & 1 \end{bmatrix} + \frac{f_v}{15}$$

$$\begin{bmatrix} 8 & 0 & 2 \\ 0 & 4 & 0 \\ 2 & 0 & 3 \end{bmatrix} + \frac{f_h}{4} \begin{bmatrix} 1 & \pm j\sqrt{2} & -1 \\ \overline{+j\sqrt{2}} & 2 & \pm j\sqrt{2} \\ -1 & \overline{+j\sqrt{2}} & 1 \end{bmatrix} \quad (4.11)$$

式中，f_s、f_d、f_v、f_h 分别对应表面散射、二次散射、体散射和螺旋体散射分量的系数。a、b、j 分别为二次散射、表面散射和螺旋体散射的参数。结合 Freeman 分解算法（Freeman 和 Durde，1998）的系数求解方法，可以得到 4 个分量的散射功率：

$$P_s = f_s(1 + |b|^2) \quad (4.12)$$

$$P_d = f_d(1 + |a|^2) \quad (4.13)$$

$$P_v = f_v \quad (4.14)$$

$$P_h = f_h \quad (4.15)$$

3 种极化分解算法共获取了 10 个极化参数，分别为：Entropy（H）、Alpha、Anisotropy（A）、FM – Vol、FM – Odd、FM – Dbl、YG_4 – Vol、YG_4 – Odd、YG_4 – Dbl、YG_4 – Hlx。图 4 – 1 给出了不同分解的 RGB 合成。

6月3日雷达原始图像

YG（R：YG–Odd；G：YG–Vol；
B：YG–Dbl）

FM（R：FM–Odd；G：FM–Vol；
B：FM–Dbl）

Cloud（R：H；G：A；B：Alpha）

图 4 –1　做不同极化分解的 RGB 合成

Fig. 4 –1　The false colour image in different

polarimetric decomposition

2. 纹理信息提取

纹理特征是通过灰度的空间变化及其重复性来反映地物的视觉粗糙度，能充分地反映影像特征，是描述和识别图像的重要依据。随着空间分辨率的提高，地物内部结构越来越鲜明，遥感图像包含的纹理信息越来越丰富。纹理是遥感图像上的重要信息和基本特征，是进行图像分析和图像理解的重要信息源（舒宁，2004）。因为纹理信息可以帮助抑制异物同谱和同物异谱现象的发生，所以分类过程中纹理信息的加入已经成为一种重要的提高遥感影像分类精度的手段。许多研究也表明了纹理信息可以提高图像识别的精确性（张顺谦等，2006；Shaban 和 Dikshit，2001）。

为进一步改善旱地作物识别精度，本实验也进行了纹理信息提取。纹理信息的提取采用的是 Haralick（1973）提出的灰度共生矩阵（gray level co-occurrence matrix，GLCM）法，它是一种最常见和广泛应用的纹理统计分析方法（刘龙飞等，2003）。灰度共生矩阵法就是通过计算灰度图像得到它的共生矩阵，然后通过计算这个共生矩阵得到矩阵的部分特征值，来分别代表图像的某些纹理特征。灰度共生矩阵能反映图像灰度关于方向、相邻间隔、变化幅度的综合信息，它是分析图像的局部模式和它们排列规则的基础。

用不同的权矩阵灰度共生矩阵进行滤波，从而抽取用来定量描述纹理特征的统计属性。纹理提取过程中窗口大小设置为 3m×3m，灰度量化级别为 64，共有 8 个基于二阶矩阵的纹理滤波，这些滤波包括：均值（Mean）、方差（Variance）、协同性（Homogeneity）、对比度（Contrast）、相异性（Dissimilarity）、信息熵（Entropy）、二阶矩（Second Moment）和相关性（Correlation）。

二、旱地作物识别时相优选

1. 随机森林分类法

随机森林法（Random Forest，RF）是由美国科学家 Leo Breiman（2001）于 2001 年发表的一个组合分类器算法。它是一种多功能的机器学习算法，能够执行回归和分类的任务。同时，它也是一种数据降维手段，用于处理缺失值、异常值以及其他数据探索中的重要步骤，并取得了不错的成效。另外，它还担任了集成学习中的重要方法，在将几个低效模型整合为一个高效模型时大显身手。在随机森林中，我们将生成很多的决策树，并不像在 CART 模型里一样只生成唯一的树。当在基于某些属性对一个新的对象进行分类判别时，随机森林中的每一棵树都会给出自己的分类选择，并由此进行"投票"，森林整体的输出结果将会是票数最多的分类选项；而在回归问题中，随机森林的输出将会是所有决策树输出的平均值。简单来说，该算法是以 K 个决策树为基本分类器，随机森林输出的分类结果由每个决策树的分类结果简单投票决定（董师师等，2013）。该算法已被成功的应用到土地覆盖制图中（Gislason 等，2006）。

随机森林算法在分类方向有诸多优点：①在当前的很多数据集上，随机森林法相对其他算法有着很大的优势；②随机森林对于高维数据集的处理能力令人兴奋，它可以处理成千上万的输入变量，并确定最重要的变量，因此被认为是一个不错的降维方法；③可以在决定类别时，该模型能够输出变量的重要性程度，这是一个非常便利的功能；④在对高维数据训练时，不容易出现过拟合而且速度较快；⑤随机森林算法能解决分类与回归两种类型的问题，并在这两个方面都有相当好的估计表现；⑥在对缺失数据进行估计时，随机森林是一个十分有效的方法。就算存在大量的数据缺失，随机森林也能较好地保持精确性；⑦当存在分类不平衡的情况时，随机森林能够提供平衡数据集误差的有效方法；⑧模型的上述性能可以被扩展运用到未标记的数据集中，用于引导无监督聚类、数据透视和异常检测；⑨随机森林算法中包含了对输入数据的重复自抽样过程，即所谓的

bootstrap 抽样。这样一来，数据集中大约三分之一将没有用于模型的训练而是用于测试，这样的数据被称为 out of bag samples（来自样本），通过这些样本估计的误差被称为 out of bag error（来自样本误差）。研究表明，这种 out of bag 方法的与测试集规模同训练集一致的估计方法有着相同的精确程度，因此在随机森林中人们无需再对测试集进行另外的设置。由于辅助信息的加入会大幅增加变量的维度，且需要对变量重要性进行评价，因此本实验选择随机森林法。随机森林分类过程可在 En-MAP Box 软件（Jakimow 等，2012）中实现，该软件包含多个内置分类算法，其中就包括随机森林算法。

2. 单一时相条件下旱地作物识别

为比较不同时相下利用全极化 SAR 数据进行旱地作物识别的精度情况，从而确定作物识别的最佳时相。本研究首先利用单一时相进行旱地的识别，目的是探究单时相雷达数据对旱地作物的识别能力及对旱地地物的识别时相进行优劣排序。表 4-1 和表 4-2 分别列出了不同时相下玉米和棉花的分类精度结果。从表 4-1 可以看出，在玉米的整个生育期中 6 月 27 日获取了最高的识别精度，并且在该时相条件下玉米与其他 4 类地物的 J-M 距离均为最大，说明在玉米的整个生长期中 6 月 27 日即玉米的拔节前期为识别的最优时相。原因是在该时期玉米处于苗期和拔节期之间，植株普遍矮小，且玉米播种时行距与株距较大，土壤裸露比例高，地表结构简单，在这种情况下，造成交叉极化方式表现出明显异于其他地物的特性。从前一章中图 3 - 2 可以明显的发现，在 6 月 27 日交叉极化条件下，除水体外，玉米与其他地物的差异达到了 5.7dB。7 月 21 日后玉米识别精度大幅降低，原因是树林、建筑物对玉米的影响增大，其 J - M 距离在 0.5 左右，其中 8 月 14 日玉米识别效果最差，该时期玉米与树林、建筑物的可分离度降到最低。因此，以制图精度作为标准，识别玉米的优势时相依次为：6 月 27 日、10 月 1 日、9 月 7 日、7 月 21 日、8 月 14 日。

从表 4 - 2 可以看出，在覆盖棉花全生育期的 6 个时相中，6 月 3 日即棉花的苗期取得了最高的识别精度，该时期玉米尚未播种，取代玉米的为处于收获期的小麦，此时棉花植株小、覆盖率低，大部分土壤被地膜覆盖，由统计的 J - M 距离可以看出，该时期棉花与其他地物的差异性基本达到最大，说明棉花的苗期为识别的最佳时相。以分类后的制图精度作为标准，识别棉花的优势时相依次为：6 月 3 日、8 月 14 日、6 月 27 日、9 月 7 日、7 月 21 日、10 月 1 日。通过表 4 - 1 和表 4 - 2 的对比可以发现，利用单时相进行玉米和棉花识别时，玉米的精度要优于棉花，原因可能是由于玉米为研究区的主要作物类型，棉花所占的比例很小且地块破碎，给识别带来了很大困难。

表 4 - 1　单一时相玉米分类精度结果

Table 4 - 1　The overall accuracy of single temporal
maize for classification

| J - M 距离 | 6 - 27 | 7 - 21 | 8 - 14 | 9 - 7 | 10 - 1 |
	玉米	玉米	玉米	玉米	玉米
棉花	1.44	0.85	1.19	1.04	1.30
树林	1.84	0.60	0.52	0.50	0.85
建筑物	1.59	0.53	0.51	0.53	0.79
水体	1.92	1.82	1.88	1.80	1.81
制图精度（%）	87.11	46.26	45.84	50.01	63.39
用户精度（%）	95.64	51.99	48.44	47.72	58.48

表 4 - 2　单一时相棉花分类精度结果

Table 4 - 2　The overall accuracy of single temporal
cotton for classification

| J - M 距离 | 6 ~ 3 | 6 - 27 | 7 - 21 | 8 - 14 | 9 - 7 | 10 - 1 |
	棉花	棉花	棉花	棉花	棉花	棉花
玉米	0.99	1.44	0.85	1.19	1.05	1.30
树林	1.66	0.51	0.37	0.41	0.26	0.21
房屋	1.17	0.79	0.96	1.05	0.83	0.87
水体	1.99	2.0	1.99	1.96	1.92	1.95
制图精度（%）	35.14	16.89	9.46	22.64	10.14	3.72
用户精度（%）	45.02	16.89	11.43	15.99	9.97	5.26

3. 不同时相组合条件下旱地作物识别

选取玉米识别的前 3 个优势时相，即 6 月 27 日、10

月1日和9月7日；棉花识别的前3个优势时相，即6月3日、8月14日和6月27日。将时相间进行组合分析，以优选出对旱地作物识别合适的时相组合。表4-3和表4-4给出了不同时相组合下玉米和棉花的分类结果。从表4-3可以看出6月27日单一时相条件下玉米的识别精度达到了87.11%，识别精度最好的为6月27日与10月1日两个时相的结合，识别精度提高了约2.7%，6月27日与其他时相的结合精度并没有太大的提升，考虑到该识别精度只利用了后向散射信息，还未充分的利用极化信息和纹理信息，因此只选择了6月27日单一时相进行玉米的识别。

表4-3　不同时相组合下的玉米分类结果

Table 4-3　Classification results of maize under
different temporal combinations

J-M距离	6-27	6-27+ 10-1	6-27+ 9-7	10-1+ 9-7	6-27+ 10-1+9-7
	玉米	玉米	玉米	玉米	玉米
棉花	1.44	1.76	1.67	1.55	1.84
树林	1.84	1.89	1.86	1.05	1.90
房屋	1.59	1.77	1.75	0.97	1.83
水体	1.92	1.97	1.97	1.88	1.98
制图精度（%）	87.11	89.87	88.82	67.38	89.46
用户精度（%）	95.64	95.71	95.97	62.33	96.09

从表4-4可以看出，6月3日与6月27日两个时相的组合使棉花获取了最优的识别精度，与最优时相6

月3日的分类结果相比精度提高了近34%，在该条件下棉花与其他地物的J－M距离均在1.6以上，说明6月3日与6月27日为棉花识别的最优组合方式。

表4－4　不同时相组合下棉花分类精度结果

Table 4－4　Classification results of maize under
different temporal combinations

J－M距离	6－3	6－3＋8－14	6－3＋6－27	8－14＋6－27	6－3＋8－14＋6－27
	棉花	棉花	棉花	棉花	棉花
玉米	0.99	1.52	1.73	1.72	1.85
树林	1.66	1.77	1.74	0.86	1.82
房屋	1.17	1.77	1.60	1.38	1.845
水体	1.19	2.0	2.0	2.0	2.0
制图精度（%）	35.14	47.97	68.92	27.03	63.85
用户精度（%）	45.02	45.08	64.76	27.49	77.78

三、旱地作物分类变量重要性评价

1. 极化方式对旱地作物分类精度的影响

为了分析不同极化方式对作物分类精度的影响，本实验利用5个时相的单极化信息进行了分类。由于研究区棉花种植面积很小，对结果的影响因素多，该过程只对玉米进行。图4－2给出了3种极化方式（其中HV与VH认为是同一种极化方式）下的玉米分类精度变化情况。从图 4 - 2 可以看出，在玉米整个生育期中，交叉极化对精度的贡献浮动最大，同极化变化平稳。在玉米播种前期交叉极化对精度的贡献要远优于同极化，随着生育期的推进，交叉极化的优势迅速减小，7 月 21 日后同极化略高于交叉极化。同极化间进行比较发现，HH极化优于 VV 极化，且在生育期的初始期和结束期优势明显。

2. 多变量信息组合对分类结果的影响

为分析辅助变量信息的增加对研究区典型地物识别精度的改善效果，本实验设计了 12 种变量信息组合方式。所有组合方式中均没有利用 6 月 3 日的影像，主要原因是 6 月 3 日玉米尚未播种，与其他时相间地物类型不统一。表 4 - 5 列出了 12 种组合的具体形式。从表中可以看出，组合 1 - 5 为在单一时相的基础上逐一增加其他时相，且都利用后向散射信息，主要探究时相的增加对结果的影响；组合 6 - 8 主要在 6 月 27 日后向散射信息的基础上分别增加纹理信息、极化信息及利用三部分信息（后向散射信息、纹理信息、极化信息）的结合，主要探究纹理和极化信息的加入对结果的影响；并与组合 9 - 11 相互对比，目的是探究多时相、多信息对结果的影响；组合 12为雷达和光学数据的结合，利用光学数据对研究区的建筑物进行提取，再利用 6 月 27 日的后向散射信息与极化信息的结合对其他地类进行识别，主要探究光学与雷达数据的结合对分类结果的影响。

表 4 – 5　不同信息组合

Table 4 – 5　Different combinations of information

组合	变量数	变量名称
1	4	6 – 27 后向散射系数信息
2	8	6 – 27、7 – 21 后向散射系数信息
3	12	6 – 27、7 – 21、8 – 14 后向散射系数信息
4	16	6 – 27、7 – 21、8 – 14、97 后向散射系数信息
5	20	6 – 27、7 – 21、8 – 14、9 – 7、10 – 1 后向散射系数信息
6	28	6 – 27 后向散射系数与纹理信息
7	14	6 – 27 后向散射系数与极化分解信息
8	38	6 – 27 后向散射系数、纹理信息与极化信息
9	140	5 个时相后向散射系数与 5 个时相纹理信息
10	70	5 个时相后向散射系数与 5 个时相极化信息
11	190	5 个时相后向散射系数、5 个时相纹理、5 个时相极化信息
12		光学数据与 6 – 27 后向散射信息、极化分解信息的结合

利用随机森林法对 12 种组合方式进行分类，图 4 – 3 给出了不同组合条件下的识别精度。从图中可以看出，组合 1 – 5 精度一直处于上升的状态，单一时相条件下地物识别获取的精度为 82. 15%，5 个时相组合精度为 85. 92%，说明时相的增加在一定程度上对精度的提高具有促进作用。组合 1 利用 6 月 27 日单一时相进行分类，该时相位于农作物耕种交替时期，为研究区地物识别的最优时相，从而导致组合 5 相对于组合 1，虽然增

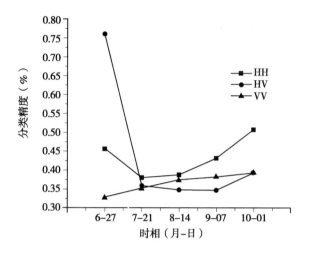

图 4 – 2　不同极化方式下的玉米分类精度变化

Fig. 4 – 2　**The change of classification accuracy
in different polarization**

加了 4 期影像，但精度的提升幅度不是很大。组合 6 – 8
在 6 月 27 日后向散射信息的基础上依次加入纹理信息和
极化信息。从分类结果可以看出，相比于组合 1，组合
6 – 8 的精度均有明显提升，说明纹理信息和极化信息的
加入都能明显提高研究区地物识别精度。但于组合 6 相
比，组合 7 的精度提升十分明显，组合 8（三部分信息
的结合）获取的结果与组合 7 齐平，说明极化信息的加
入能明显的提高分类精度，当后向散射信息与极化信息
结合时，纹理信息的加入对结果影响不大。组合 9 – 11
在 5 个时相结合的基础上依次加入纹理信息和极化信
息，与组合 5 相比，说明纹理和极化信息的加入能进一

步提升分类精度，与组合 6 - 8 相比，整体精度都有一定的提升，说明时相是提高精度的重要条件。组合 12 利用光学影像对研究区建筑用地进行提取，利用 6 月 27 日后向散射信息和极化分解信息的结合对其他地物进行分类，结果显示，光学和雷达数据的融合获得了最优的识别精度。建筑用地作为年际间变动较小的地类，且对总体分类结果影响较大，此时可以利用光学数据辅助分类，与单纯利用雷达遥感数据相比，二者结合可显著提高地物的识别精度。

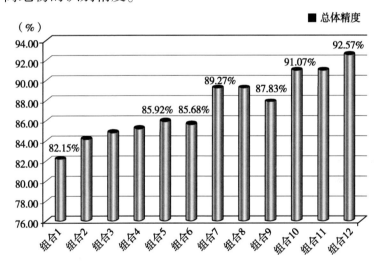

图 4 - 3　不同信息组合下的地物分类精度结果

Fig. 4 - 3　**The overall accuracy of objects for classification under different information combinations**

选取 3 种典型组合方式，分别为组合 1、组合 7、组合12，提取各类型地物分类精度。表4-6给出了3种典型信息组合下的地物分类精度结果。从表中可以看出，这3种组合的精度呈逐步提升的趋势，并且精度的提升主要集中在棉花和树林两类地物中，原因是研究区棉花和树林面积小而分散，在识别中难度较大。组合1单纯利用单一时相的后向散射信息，其对棉花、树林的识别效果最差；组合7在组合1的基础上加入了极化分解信息，极化信息的加入极大提升了棉花和树林的分类精度；组合12在组合7的基础上加入光学遥感数据，获取了最优的识别精度，且棉花和树林的分类精度与其他组合相比也达到最优。图4-4给出了不同变量组合下的研究区典型地物分类。

表4-6　3种典型信息组合下的地物分类精度结果

Table 4-6　The overall classification accuracy of ground objects for 3 typical information combinations

组合	聚类后精度	房屋（%）	棉花（%）	树林（%）	水体（%）	玉米（%）
1	制图精度	95.02	18.92	13.11	99.13	87.94
	用户精度	75.93	19.86	63.64	97.53	95.72
	总体精度=82.147%		Kappa系数=0.708			
7	制图精度	97.30	46.28	43.69	100.0	93.88
	用户精度	86.18	30.04	82.01	99.24	99.06
	总体精度=89.267%		Kappa系数=0.830			
12	制图精度	93.38	50.68	78.90	100.0	97.0
	用户精度	99.55	32.05	79.87	98.82	96.82
	总体精度=92.568%		Kappa系数=0.886			

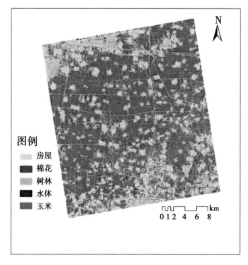

图例
房屋
棉花
树林
水体
玉米

0 1 2　4　6　8　km

组合1

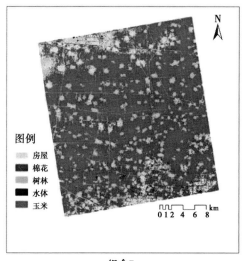

图例
房屋
棉花
树林
水体
玉米

0 1 2　4　6　8　km

组合7

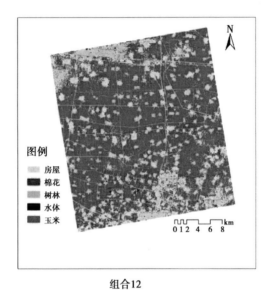

组合12

图 4 - 4　不同变量组合下的研究区典型地物分类

Fig. 4 - 4　Classification of typical objects in the study
area under different variable combinations

3. 分类辅助变量重要性评价

由于本研究中可用于地物分类的辅助变量数量较
多，为提高地物分类效率，需要对这些辅助变量进行重
要性评价，筛选出对分类精度改善相对重要的变量信
息。根据图 4 - 2 分析可知，选择 6 月 27 日单一时相进
行玉米的识别，棉花的识别时相为 6 月 3 日与 6 月 27 日
两个时相的结合。第三章中分类过程只利用了后向散射

信息，下面将在后向散射信息的基础上添加纹理和极化信息，探究二者的加入对分类精度的影响。表 4 - 7 给出了不同变量组合下的旱地作物分类精度结果。

从表 4 - 7 可以看出，纹理信息与极化信息的加入使玉米的识别精度有了较明显的提升，其中纹理信息的加入使精度由原来的 87.11% 增加到 89.18%，增幅为 2.07%，极化信息的加入使精度由 87.11% 增加到 93.98%，增幅达 6.87%，说明纹理信息和极化信息都在一定程度上提高了玉米的识别精度，相比之下，在玉米识别过程中极化信息的重要性要优于纹理信息。组合 4 将后向散射系数、纹理信息和极化信息进行结合后分类，其分类效果与组合 3 类似，表明在玉米识别过程中后向散射信息与极化信息结合就能获得理想的结果。对于棉花，从表中可以看出纹理信息和极化信息的加入均起到了积极的作用，制图精度没有明显改善，用户精度提高了近 20%。通过棉花组合 2 和组合 3 的比较可知在棉花的识别过程中纹理信息的作用略优于极化信息，组合 2 相较于组合 3 而言制图精度和用户精度均有 2.6% 以上的提升，组合 4 为三部分数据的结合，其获取了最高了识别精度，说明在棉花的识别中，纹理信息和极化信息对于精度的提升都起到了积极的促进作用。将玉米识别的组合 3 与棉花识别的组合 4 相互结合，得到旱地作物分类图，结果见图 4 - 8。

表 4 – 7　不同变量组合下的旱地作物分类精度结果

Table 4.7　The overall accuracy of dryland crops for

classification under different variable combinations

玉米	组合方式（6 – 27）			
	1	2	3	4
后向散射系数	*	*	*	*
纹理信息		*		*
极化信息			*	*
制图精度	87. 11%	89. 18%	93. 98%	93. 68%
用户精度	95. 64%	98. 29%	99. 06%	99. 19%

棉花	组合方式（6 – 3 + 6 – 27）			
	1	2	3	4
后向散射系数	*	*	*	*
纹理信息		*		*
极化信息			*	*
制图精度	68. 92%	69. 93%	67. 23%	71. 96%
用户精度	64. 76%	84. 84%	82. 23%	85. 89%

注：6. 3 表示 6 月 3 日；6. 27 表示 6 月 27 日

表 4 – 8　组合方式 1 下的玉米分类误差矩阵

Table 4 – 8　Error matrix of maize under Combination 1

	建筑物	棉花	树林	水体	玉米
建筑物	7 131	200	1 467	1	592
棉花	84	56	100	0	42
树林	98	33	238	0	5
水体	0	0	0	910	23
玉米	192	7	10	7	4 829

注：玉米制图精度 87. 11%　用户精度 95. 64%

表 4-9 组合方式 3 下的玉米分类误差矩阵

Table 4-9 Error matrix of maize under Combination 3

	建筑物	棉花	树林	水体	玉米
建筑物	7 302	73	885	0	213
棉花	69	137	134	0	116
树林	94	80	793	0	0
水体	0	0	0	918	7
玉米	40	6	3	0	5 155

注：玉米制图精度 93.98% 用户精度 99.19%

表 4-8 和表 4-9 分别给出了组合 1 和组合 3 条件下的玉米分类误差矩阵。通过二者的比较发现，在玉米识别过程中建筑用地对其影响最大，受周围环境的影响，部分建筑物后向散射表现出与玉米相似的特征，极化分解信息充分利用了不同地物的散射机制，可以将地物的散射过程分解为表面散射、体散射和二次散射等，而二次反射效应对建筑物的影响在高分辨率 SAR 图像中是一个非常重要的特征，二次反射效应主要是由建筑物的墙面和地面形成的二面角造成的强反射，因此而极化信息的加入可以减少玉米和建筑用地的混淆，进而提升了玉米的识别精度。

图 4-5 和图 4-6 分别给出了玉米和棉花分类变量的重要性，二者趋势一致。玉米的识别利用了 6 月 27 日单一时相，加上纹理信息和极化信息，特征数为 38 个；棉花的识别利用两个时相的结合，其特征数共 76 个。

从图中可以看出，后向散射信息和极化信息的重要性都要远优于纹理信息，除均值信息外，所有的纹理信息对结果的贡献均较小。在玉米识别过程中重要性最大的3个变量依次为 α、FM – Vol、HV – Mean；棉花识别过程中重要性最大的三个变量依次为 6 月 27 日 HV、6 月 3 日 FM – Vol、6 月 27 日 HV – Mean。

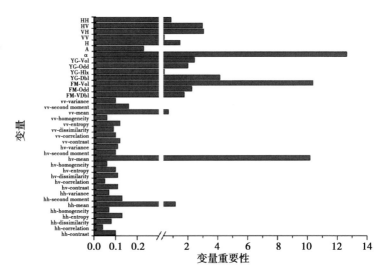

图 4 – 5　玉米分类变量重要性柱状

Fig. 4 – 5　Histogram of the importance of maize classified variables

理想情况下，每个变量都可提供额外的信息以提高分类精度，然而在机器学习的实际应用中，特征数量往往较多，其中可能存在不相关的特征，特征之间也可能存在相互依赖，特征个数的增加，会导致分析特征、训

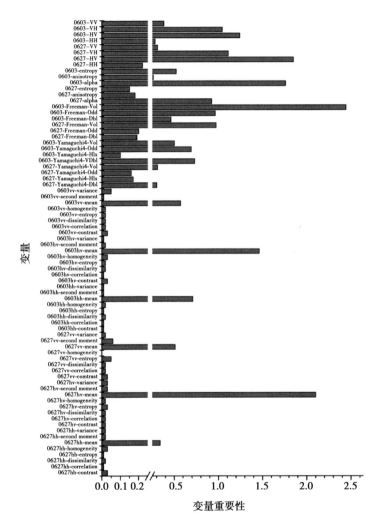

图 4－6 棉花分类变量重要性柱状

(0603 为 6 月 3 日；0627 为 6 月 27 日)

Fig. 4－6 Histogram of the importance of cotton classified variables

(0603 is June 3；0627 is June 27)

练模型所需的时间长，且容易引起"维度灾难"；除此之外，多源数据的加入必然会引起因配准误差而产生的噪声。因此，有必要探究在玉米识别的多特征基础上，通过特征选择剔除不相关和冗余信息，以提高计算效率。由于研究区棉花面积小，地块破碎，受配准误差的影响要远大于玉米，特征优选只针对玉米进行。为进行变量的优选，研究主要利用随机森林算法对变量的重要性评价机制，通过迭代依次除去重要性最小的变量，再对剩余的变量进行分类并进行精度评价，以此类推。图4－7给出了玉米分类变量优选结果。从图中可以看出，在移除33个变量之前，玉米的识别精度浮动微小，剩余5个变量时精度开始降低，这5个变量分别为：VH、Alpha、YM4－Odd、FM－Vol、Mean（HV）参见图4－8。

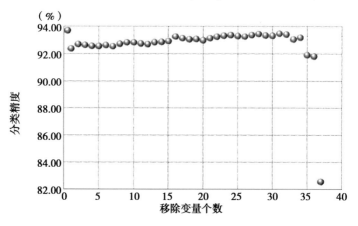

图4－7　玉米分类变量优选

Fig. 4－7　Optimization of maize classified variables

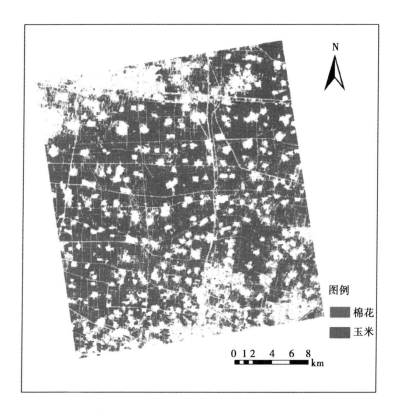

图 4 – 8 玉米识别组合 3 与棉花识别组合 4 结合的旱地作物分布

Fig. 4 – 8 Distribution of dryland crops with the combination of the Maize Identification Combination 3 and Cotton Identification Combination 4

四、本章小结

本章针对棉花分类精度不高的问题，提取了多种辅助分类变量信息，利用这些变量信息，采用随机森林法对研究区各地物进行了分类研究，以分类精度为评价指标，对各变量的重要性进行评价。结果表明时相利用雷达数据识别旱地作物时应着重关注作物生长前期的时相。6 月 27 日即玉米的拔节前期为玉米识别的最优时相，6 月 3 日与 6 月 27 日为棉花识别的最优时相组合。通过对变量重要性的评价可知，在玉米识别中极化分解信息的重要性普遍较高，极化信息的加入主要增加了玉米和建筑用地的可分离性；纹理信息和极化信息的加入也使棉花的精度有了明显提高；增加时相有助于提高识别精度，雷达与光学数据结合获得了最优的识别效果。

第五章　全极化 SAR 数据的玉米长势监测

　　作物生物学参数（株高、叶面积、干重鲜重等）是反应作物生长状态的重要指标。利用遥感技术及时、准确获取作物长势信息，对及时掌握区域作物病虫害、气象灾害等对作物生长、产量的影响及灾害后采取各项生产管理措施的效果，可为区域作物产量早期预估提供依据（Tao 等，2005）。该技术在国家层面上，有助于提前分析预测粮食产量波动情况，为政府相关部门制定粮食储备、运输及贸易决策提供参考依据。本章针对这一实际需要，根据雷达波探测地物的原理和方式，分析玉米后向散射系数与生物学参数关系，如株高、叶面积指数、植株干重鲜重等；然后建立基于后向散射系数的玉米生长经验模型，利用该模型反演能够反映玉米生长的关键生物学参数，最终实现对玉米长势的监测。考虑到研究区棉花面积小，结果必然受周围地物的影响过多，因此该分析过程只针对玉米作物。

一、研究区玉米基本生长参数地面观测

为分析玉米的生长参数与雷达后向散射系数的关系，本研究收集了 2014 年夏玉米主要生育期的生长数据，包括株高、叶面积和植株各部分的干、鲜重。共观测了 15 个大样方，每个大样方又包括 3 个小样方，共 45 个点。在进行玉米后向散射系数与生长参数的相关分析时，使用了所有的样方数据。模型的建立与验证部分将实测数据分为两部分，比例约为 7∶3。由于实际测量指标存在一定的误差，在反演过程中，将偏离明显的点做了删除处理。数据收集日期与雷达过境时间一致，包括 4 个时期的数据，分别为 7 月 21 日、8 月 14 日、9 月 7 日和 10 月 1 日。虽然 6 月 27 日玉米已经播种，但是由于其植株小，生长参数未进行测量。图 5 – 1 给出了不同时相下基于地面观测数据的变化情况。从图 5 – 1 可以看出，图 5 – 1 – a、b 为四个时期 15 个玉米样方的详细观测值，图 5 – 1 – c、d 为统计的四个时期的均值。图 5 – 1 – a、c 为统计的玉米株高值，从图中可以看出，株高在整个生长期内一直处于增大的状态，生长期结束时，株高接近 280cm，株高于 7 月 21 日至 8 月 14 日增幅最大，近 130cm，8 月 14 日之后，增幅迅速下降并保持平稳。图 5 – 1 – b、d 为统计的叶面积情况，与株高不同，叶面积经历的是先迅速增长再下降的过程，玉米成熟期植株下部叶片枯黄脱落是叶面积降低的主要原因。叶面积的最大值点位于 8 月 14 日，LAI 最大时接近 3.5。

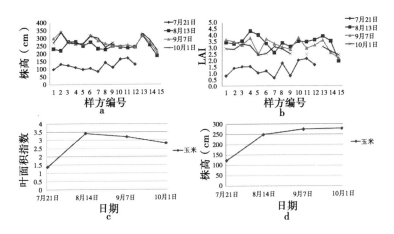

图 5 - 1　不同时相下基于地面观测数据的变化情况

Fig. 5 - 1　The change of surface observation

data in different time phases

二、玉米后向散射系数与生长参数的相关分析

已有研究表明，作物的后向散射系数随生长参数的变化而发生变化。玉米后向散射特征的变化与玉米生物量、冠层结构、植株高度变化有密切关系，因此构造了

基于雷达后向散射系数的玉米生长经验模型,并利用模型反演玉米生物学参数。本研究中通过地面观测获取的玉米生长参数包括:叶面积指数、玉米鲜/干生物量、株高、植被含水量以及叶含水量和叶鲜重。从雷达影像中提取玉米的后向散射系数,包括3种类型:HH、HV和VV极化方式。各种极化方式的后向散射系数比值也被计算,如HH/VH、HH/VV、VV/HV,用于分析它们与玉米生长参数的相关关系。

表5-1、表5-2、表5-3、表5-4分别给出了7月21日、8月14日、9月7日和10月1日时相下玉米后向散射系数与实测生长参数的相关系数。从表5-1可以看出,雷达波段各极化方式之间具有一定的相关性。从表中可以看出,株高与HV具有较高的相关性(R=0.70),同极化HH、VV与株高的相关性略低(HH:R=0.57;VV=0.61)。同样,LAI、鲜/干重均表现出与交叉极化HV具有较高的相关性,VV次之,HH最差。对于植株含水量,发现与玉米的各种后向散射系数

均没有明显的相关性。除此之外,对各极化间的比值进行了分析,发现极化比值与所测量的玉米生物学参数均没有明显的相关性。

从表5-2可以看出,表5-2在表5-1获取的玉米生物学参数基础上多测量了叶片含水量和叶鲜重。该时

表5-1　7月21日玉米后向散射系数与实测生长参数的相关系数

Table 5-1　Coefficients of correlations between backscattering coefficients and actually–measured growth parameters of maize on July 21, 2014

	HV	VV	HH/VV	HH/HV	VV/HV	株高	LAI	植株含水量	鲜重	干重
HH	0.80*	0.94**	-0.49	-0.67*	-0.38	0.57	0.66*	0.35	0.53	0.53
HV		0.75*	-0.42	-0.095	0.17	0.70*	0.76**	0.29	0.72**	0.73**
VV			-0.16	-0.62*	-0.53	0.61*	0.74**	0.39	0.60*	0.58*
HH/VV				0.32	-0.29	-0.04	-0.01	0.04	0.03	-0.02
HH/HV					0.81*	-0.03	-0.12	-0.18	0.06	0.07
VV/HV						0.01	-0.10	-0.22	0.05	0.10
株高							0.92**	0.44	0.98**	0.96**
LAI								0.56	0.93**	0.91**
植株含水量									0.41	0.29
鲜重										0.99**

注：* 相关系数达0.05 显著水平；** 相关系数达0.01 显著水平

107

表 5 - 2 8 月 14 日玉米后向散射系数与实测生长参数的相关系数

Table 5 - 2 **Coefficients of correlations between backscattering coefficients and actually – measured growth parameters of maize on Aug14, 2014**

	HV	VV	HH/VV	HH/HV	VV/HV	株高	LAI	植株含水量	鲜重	干重	叶含水量	叶鲜重
HH	0.61*	0.76**	-0.11	-0.66**	-0.54*	0.16	0.40	0.57*	0.24	0.00	0.58*	0.37
HV		0.74**	0.36	0.19	-0.16	0.41	0.63*	0.46	0.49	0.34	0.36	0.49
VV			0.56*	-0.24	-0.78**	0.17	0.37	0.49	0.26	0.04	0.54*	0.40
HH/VV				0.47	-0.50	0.04	0.04	0.02	0.08	0.04	0.08	0.12
HH/HV					0.53*	0.18	0.09	-0.27	0.16	0.32	-0.37	0.00
VV/HV						0.14	0.05	-0.28	0.07	0.26	-0.44	-0.13
株高							0.70**	0.16	0.74**	0.79**	0.29	0.58*
LAI								0.46	0.81**	0.72**	0.42	0.75**
植株含水量									0.52*	0.07	0.80**	0.65**
鲜重										0.88**	0.42	0.80**
干重											0.01	0.56*
叶含水量												0.70**

注: * 相关系数达 0.05 显著平; ** 相关系数达 0.01 显著平

表5-3 9月7日玉米后向散射系数与实测生长参数的相关系数

Table 5-3 Coefficients of correlations between backscattering coefficients and actually-measured growth parameters of maize on Sep 7, 2014

	HV	VV	HH/VV	HH/HV	VV/HV	株高	LAI	植株含水量	鲜重	干重	叶含水量	叶鲜重
HH	0.42	0.83**	-0.29	-0.71**	-0.65**	0.41	0.32	0.34	0.30	0.05	0.38	0.23
HV		0.59*	0.27	0.34	0.18	0.42	0.07	-0.15	0.19	0.31	0.18	-0.02
VV			0.29	-0.40	-0.69**	0.33	0.16	0.23	0.11	-0.07	0.38	0.02
HH/VV				0.52*	-0.09	-0.15	-0.29	-0.16	-0.32	-0.22	-0.01	-0.35
HH/HV					0.80**	-0.10	-0.28	-0.47	-0.18	0.17	-0.25	-0.27
VV/HV						-0.04	-0.14	-0.41	0.01	0.33	-0.30	-0.06
株高							0.58*	0.37	0.65**	0.42	0.57*	0.52*
LAI								0.34	0.75**	0.51	0.54**	0.81**
植株含水量									0.42	-0.34	0.75**	0.44
鲜重										0.70**	0.55*	0.95**
干重											0.01	0.63*
叶含水量												0.47

注：* 相关系数达0.05 显著水平；** 相关系数达0.01 显著水平

表 5 – 4　10 月 1 日玉米后向散射系数与实测生长参数的相关系数

Table 5 – 4　Coefficients of correlations between backscattering coefficients and actually – measured growth parameters of maize on Oct 1, 2014

	HV	VV	HH/VV	HH/HV	VV/HV	株高	LAI	植株含水量	鲜重	干重	叶含水量	叶鲜重
HH	0.35	0.62*	-0.64*	-0.80**	-0.36	0.63*	0.07	-0.15	0.09	0.25	0.27	0.25
HV		0.37	-0.06	0.28	0.41	0.43	-0.29	-0.31	-0.18	0.01	-0.25	-0.18
VV			0.20	-0.39	-0.70**	0.48	-0.20	-0.03	0.14	0.26	0.17	0.30
HH/VV				0.62*	-0.22	-0.30	-0.27	0.17	0.02	-0.08	-0.15	-0.03
HH/HV					0.62*	0.36	-0.25	-0.05	-0.17	-0.20	-0.43	-0.35
VV/HV						-0.16	-0.02	-0.22	-0.27	-0.23	-0.39	-0.43
株高							0.33	0.19	0.41	0.46	0.37	0.48
LAI								0.56*	0.59*	0.37	0.44	0.67*
植株含水量									0.62*	0.24	0.83**	0.70**
鲜重										0.90**	0.50	0.95**
干重											0.24	0.80**
叶含水量												0.64*

注：* 相关系数达 0.05 显著水平；** 相关系数达 0.01 显著水平

期是玉米生长期内的最高峰，此后株高不再发生大的变化，叶面积也已达到最大值。叶面积仍与 HV 具有一定的相关性（R = 0.63）。叶含水量与 HH、VV 的相关系数分别为 0.58 和 0.54，另外植株含水量与 HH 表现出一定的相关性，除此之外，其他玉米生物学参数与玉米后向散射参数均未表现出显著相关。

　　从表 5 – 3、表 5 – 4 可见，9 月 7 日玉米生长参数与后向散射系数的相关性普遍不高，9 月 7 日开始，玉米进入成熟期，玉米叶含水量、植株含水量减少，叶片披垂。10 月 1 日 HH 极化与雷达数据表现出一定的相关性，相关系数为 0.63，说明雷达信息与玉米生长参数具有阶段性相关的特点，在作物生长中前期和后期部分生长参数与雷达信息表现出明显的相关性，中期不适于利用雷达数据反演生长参数。焦险峰在分析 Radarsat – 2 极化 SAR 数据对玉米、大豆的生长参数敏感性时，也得到相似的结论，他表示在生育后期，当叶面积指数超过 $3.0m^2/m^2$ 时，雷达获取的作物后向散射参数与 LAI 的敏感性消失。

　　图 5 – 2a 给出了玉米主要生育期内叶面积指数 σ° 与的相关系数柱状图。从图中可以看出，主要生育期内，叶面积指数与玉米后向散射系数的敏感性在生长前期明显，其中以 7 月 21 日交叉极化方式与 LAI 相关性最优，同极化虽相比于交叉极化略低，但是该时期整体表现出

与 LAI 有较高的显著性。8 月 14 日作为转折点，8 月 14 日后的两个时期均未与 LAI 有显著相关。

图 5 - 2b 给出了玉米主要生育期内株高与 $\sigma°$ 的相关系数柱状图。从图中可以看出，玉米株高与雷达后向散射系数间的相关性主要位于生育期的中前期和末期。7 月 21 日为株高与后向散射系数相关性最大的时期，其次为生长末期 10 月 1 日。其中 7 月 21 日交叉极化与株高的相关性最优达到 0.70，10 月 1 日 HH 极化与株高相关系数为 0.63。

图 5 - 2c、图 5 - 2d 给出了玉米主要生育期内植株干重鲜重与 $\sigma°$ 的相关系数柱状图。从图中可以看出，玉米的鲜重和干重均在 7 月 21 日与后向散射系数有明显的相关性，且 7 月 21 日交叉极化方式与鲜/干重敏感性最强，其中鲜重与后向散射系数的相关系数 0.72，干重与后向散射系数的相关系数为 0.73。同极化 VV 与鲜/干重也有一定的相关性，但二者均略低于同时期的交叉极化。

通过以上分析我们可以发现雷达后向散射信息与作物生长参数具有阶段相关的特点。在作物生育期中前期各种生物学参数与雷达数据表现出了较高的相关性；作物生长后期除株高外，其他生物学参数与雷达数据间相关性较低，原因可能是在 8 月 14 日后，玉米处于抽穗期，植株密度达到最大，此时雷达接收的 4 种极化数据及数据间的比值对作物生长参数的敏感性弱化；作物生长中期不适于利用雷达数据反演作物生物学参数。通过极化方式对比发现交叉极化相比于同极化对作物生长参数的相关性更高，极化比值在作物生长参数反演中没有表现出优势。虽然有研究表明雷达可以穿透植被层，能更进一步的反映植被内部结构状况，理论上可以估计作物的结构参数。但通过研究可以发现，不同极化方式、不同极化方式组合都对玉米结构参数有不同的反应，并且雷达接收的信息受到多种因素的影响，如不同作物生长阶段、传感器入射角的差异都会对雷达后向散射信息产生影响。

三、玉米生长参数经验模型建立

1. 叶面积指数经验模型建立

从图 5－2a 可以看出，在 7 月 21 日的 SAR 数据中，HV 后向散射系数与 LAI 的相关性高达 0.76，8 月 14 日的 SAR 数据中 HV 后向散射系数与 LAI 的相关系数为 0.63，两期 SAR 数据的交叉极化后向散射系数与 LAI 的相关性都超过 0.6，故可以直接利用经验拟合公式，进行叶面积的反演。公式 5.1 和公式 5.2 分别给出了 7 月 21 日和 8 月 14 日两个时相条件下的 LAI 经验模型。

　　7 月 21 日 LAI 经验模型：

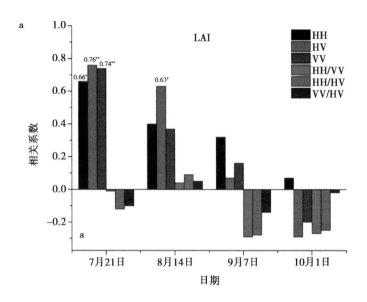

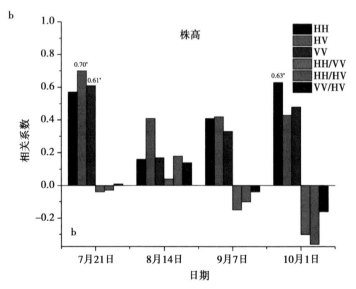

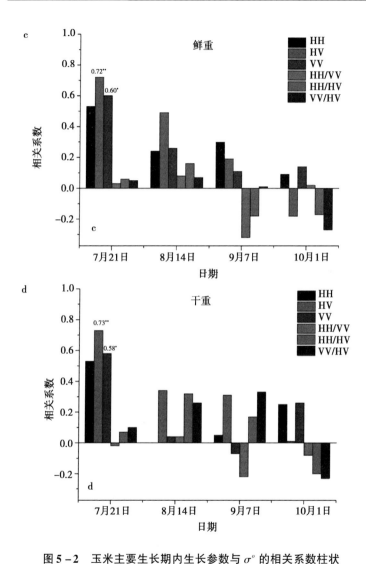

图 5 - 2　玉米主要生长期内生长参数与 σ^{o} 的相关系数柱状

Fig. 5 - 2　Histogram of coefficients of the correlations between growth parameters in maize growing periods and σ

$$LAI_{7.21} = 0.156\,\sigma^{\circ}_{HV} + 4.281 \quad R = 0.80 \qquad (5.1)$$

8 月 14 日 LAI 经验模型:

$$LAI_{8.14} = 0.221\,\sigma^{\circ}_{HV} + 7.657 \quad R = 0.59 \qquad (5.2)$$

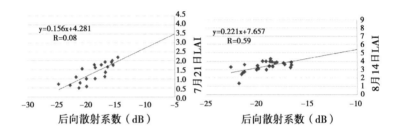

图 5 - 3 叶面积指数经验模型

Fig. 5 - 3 Empirical model of LAI

2. 株高经验模型建立

从图 5 - 2b 可以看出,在玉米主要生育期中,7 月 21 日 HV 和 10 月 1 日 HH 与株高表现出了最优的相关性,因此分别利用这两个条件进行玉米株高的反演。公式 5.3 和公式 5.4 分别给出了 7 月 21 日 HV 和 10 月 1 日 HH 与株高的经验模型。其中 7 月 21 日交叉极化后向散射系数与株高相关系数为 0.64,10 月 1 日 HH 与株高相关系数为 0.61(图 5 - 4)。

7 月 21 日株高经验模型:

$$H_{7.21} = 0.068\,\sigma^{\circ}_{HV} - 28.02 \quad R = 0.64 \qquad (5.3)$$

10 月 1 日株高经验模型:

$$H_{10.1} = 15.78\,\sigma^{\circ}_{HV} + 479.6 \quad R = 0.61 \qquad (5.4)$$

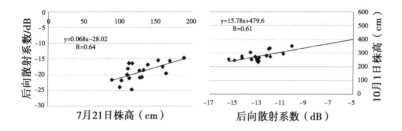

图 5 - 4　株高经验模型

Fig. 5 - 4　Empirical model of plant height

3. 玉米干重鲜重经验模型建立

从图 5 - 2c 和图 5 - 2d 可以看出，在玉米主要生育期中，7 月 21 日 HV 极化方式与玉米干重鲜重相关性最好。因此，研究选取 7 月 21 日 HV 极化来反演玉米的干重鲜重，公式 5.5 和公式 5.6 分别给出了 7 月 21 日 HV 与鲜生物量和干生物量的经验模型（图 5 - 5）。

7 月 21 日鲜生物量经验模型：

$$F_{7.21} = 2090.0\,\sigma_{HV}^{\circ} + 54747 \quad R = 0.72 \quad (5.5)$$

7 月 21 日干生物量经验模型：

$$F_{7.21} = 253.4.0\,\sigma_{HV}^{\circ} + 6543 \quad R = 0.79 \quad (5.6)$$

四、玉米生长参数反演

玉米生长参数反演需要确定研究内玉米的空间分布情况，通过比较 SVM 分类结果和基于辅助信息对玉米的

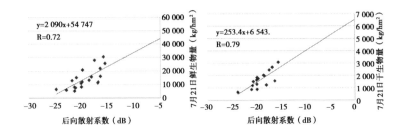

图 5 – 5　玉米鲜重干重经验模型

Fig. 5 – 5　**Empirical model of fresh and dry weight**

识别结果，发现玉米为研究区内的主要农作物，识别结果均较高，都在 90% 以上，二者均可满足玉米生长参数反演的要求。图 5 – 6 为 SVM 对玉米的分类结果。

1. 叶面积指数反演

本研究利用公式 5.1 和公式 5.2 拟合的 LAI 与雷达后向散射系数间的经验模型，并结合玉米空间分布图对叶面积指数进行反演。图 5 – 7 给出了叶面积指数反演结果，其中图 5 – 7a 为 7 月 21 日 LAI 反演结果，图 5 – 7b 为 8 月 14 日 LAI 反演结果。从图 5 – 7 中可以看出，7 月 21 日 LAI 叶面积差异性较大，覆盖范围在 0 ~ 2，且分布具有明显的空间差异性，以东北西南为界，呈三角形区域分布。西北部地区的叶面积指数明显小于东南部地区，西北部叶面积指数大体范围在 0 ~ 1，东南部叶面积指数基本位于 1.5 ~ 2。该差异性主要时由于播种期的不同所致，在野外测量时，该状态也得到了有力的证实。根据实际测

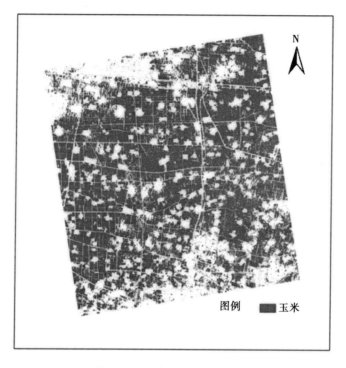

图 5 – 6　研究区玉米空间分布

Fig. 5 – 6　Spatial distribution of maize in the study area

量数据显示，该时期西北部地区与东南部地区的玉米株
高差异性达 120cm。而从图 5 – 7b 中可以看出，两部分地
区的叶面积指数逐渐接近统一，但西北部地区仍有部分
明显小于东南部地区，8 月 14 日叶面积指数范围为 2. 5 ~
3. 5。虽然西北部地区在播种期上略晚与东南部，但该地
区整体灌溉设施齐全，使西北部玉米能迅速与东南部的
长势持平。

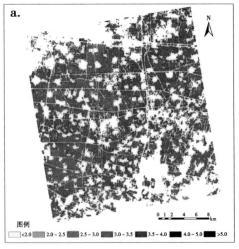

图 5 − 7　LAI 反演结果

（a. 7 月 21 日 LAI 反演结果；b. 8 月 14 日 LAI 反演结果）

Fig. 5 − 7　Retrieving results of LAI

（a：LAI retrieving results on July 21；b：LAI retrieving results on August 14）

2. 株高反演

研究利用公式 5.3 和公式 5.4 拟合的株高与雷达后向散射系数间的经验模型，对玉米的株高进行反演。图 5 - 8 给出了株高反演结果，其中图 5 - 8a 为 7 月 21 日株高反演结果，图 5 - 8b 为 10 月 1 日株高反演结果。从图 5 - 8a 可以看出，7 月 21 日株高与叶面积一样呈现出极大的空间差异性，以东北西南为界，西北部地区玉米株高 <150cm，大部分在 0 ~ 100cm 范围内，东南部玉米株高明显高于西北部地区，差异可达到 100cm 以上。图 5 - 8b 中株高较均一，基本位于 250 ~ 300cm 范围内，少数大于 300cm。7 月 21 日玉米株高反演结果与 7 月 21 日叶面积反演结果十分相似，原因是在 7 月 21 日株高与叶面积的相关性十分明显，从表 5 - 1（7 月 21 日玉米后向散射参数与实测参数的相关性）发现，该时期玉米株高与叶面积的相关系数高达 0.92。相似的反演结果也彼此验证了结果的可靠性。

3. 玉米植株干重鲜重反演

研究利用公式 5.5 和公式 5.6 拟合的干重鲜重与雷达后向散射系数间的经验模型，对玉米的干重鲜重进行反演。图 5 - 9 给出了玉米干重鲜重反演结果，其中图 5 - 9a 为 7 月 21 日鲜重反演结果，图 5 - 8b 为 7 月 21

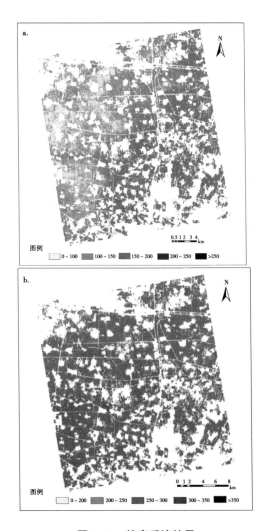

图 5 - 8　株高反演结果

（a. 7 月 21 日株高反演结果；b. 10 月 1 日株高反演结果）

Fig. 5 - 8　Retrieving results of height

（a. plant height retrieving results on July 21；b. plant height retrieving results on Oct1）

日干重反演结果。从图 5 - 9 可以看出，干重鲜重反演结果与 7 月 21 日株高及叶面积反演结果一致，均为以东北西南为界呈现出不同的空间分布。东南部地区在 7 月 21 日无论是叶面积、株高、鲜重和干重都表现出了极大的优势。由于各个参数与后向散射系数的相关性都集中在 7 月 21 日，因此各个参数的反演结果可以彼此进行验证。其他时期由于参数与后向散射系数不敏感，导致同时期参数反演结果无法进行空间上的比较。

五、精度验证

为评价经验模型的反演结果，本研究利用部分实测数据对结果进行验证。图 5 - 10 给出了玉米生长参数（叶面积指数、株高、干重鲜重）的反演结果。图 5 - 10a 和图 5 - 10b 分别为 7 月 21 日和 8 月 14 日叶面积指数验证结果；图 5 - 10c 和图 5 - 10d 分别为 7 月 21 日和 10 月 1 日株高的验证结果；图 5 - 10e 和图 5 - 10f 分别为 7 月 21 日玉米鲜重和干重的验证结果。从图 5 - 10a 和图 5 - 10b 可以看出 7 月 21 日和 8 月 14 日两个时相的 LAI 反演精度，R 分别为 0.75、0.72，相对误差为 19.5% 和 10.5%，RMSE 为 0.18 和 0.72，整体精度较好，反演结果满足实际的应用需求。通过对两期叶面积指数进行反演，结果说明，在玉米生长前期，基于经验

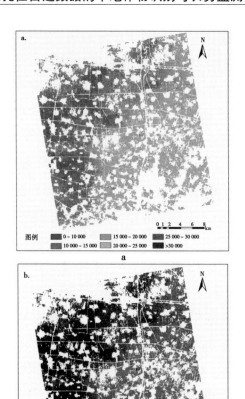

图 5 – 9　玉米植株干重鲜重反演结果

（a. 7 月 21 日鲜重反演结果；b. 7 月 21 日干重反演结果）

Fig. 5 – 9　Retrieving results of the fresh/dry weight

（a. fresh/dry weight retrieving results on July 21；

b. fresh/dry weight retrieving results on July 21）

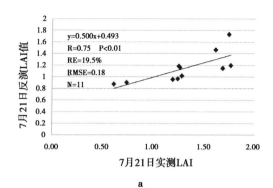

a

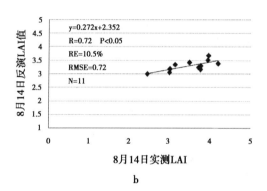

b

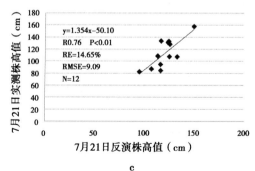

c

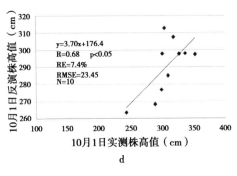

d

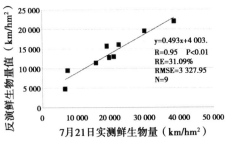

e

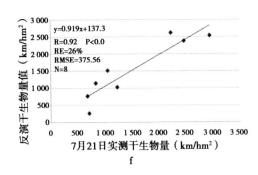

f

图 5 - 10　玉米生长参数（LAI、株高、干/鲜重）反演结果

Fig. 5 - 10　Retrieving results of maize growth parameters

（LAI，plant height，dry/wet weight）

模型反演叶面积指数在一定程度上是精确合理的，可以满足实际应用监测需求。

从图 5 – 10c 和图 5 – 10d 可以看出两个时相株高反演精度 R 分别为 0.76、0.68，生长期末期株高虽与后向散射系数有一定相关性，但作物生长期的中前期仍较后期好。从图 5 – 10e 和图 5 – 10f 可以看出鲜重干重的反演精度 R 分别为 0.95、0.92，相对误差为 31.09% 和 26%，生育期中前期玉米干重鲜重与雷达后向散射系数间有较高的相关性，然而误差相对较大，生物量的反演结果低于实测值。

六、本章小结

本章主要分析玉米后向散射系数与生物学参数（株高、叶面积指数、植株干重鲜重）间的关系，建立基于后向散射系数的玉米生长经验模型，反演玉米主要生育期内的叶面积、株高和植被鲜重干重。结果表明雷达后向散射信息与作物生长参数具有阶段相关的特点。作物生育期中前期各种生物学参数与雷达数据表现出了较高的相关性；作物生长后期除株高外，其他生物学参数与雷达数据间相关性较低；作物生长中期不适于利用雷达数据反演作物生物学参数。通过极化方式对比发现交叉极化相比于同极化对作物生长参数的相关性更高，极化比值在作物生长参数反演中没有表现出优势。

第六章　结论与展望

一、主要工作和结论

针对我国北方旱地作物在关键生长期内受云雨天气影响，无法及时、有效获取光学数据的问题，本书使用覆盖作物全生育期的 6 期 Radarsat－2 全极化数据，分析雷达数据在北方旱地作物（玉米和棉花）识别中的适用性。研究区位于河北省深州市，结合玉米和棉花的物候特征，选取了 2014 年 6 月 3 日至 2014 年 10 月 1 日共 6 期研究区内的精细全极化模式 Radarsat－2 数据，辅助数据包括 GF－1 号光学数据和野外实测数据。研究内容分为 3 部分：一是对研究区典型地物的后向散射特征进行分析，并利用后向散射系数的差异进行分类；二是分析了旱地作物识别的最佳时相及其组合方式，结合辅助变量信息对旱地作物进行识别及变量重要性评价；三是分析了雷达后向散射系数与作物生长参数的相关关系，建立了作物生长参数与后向散射间的相关模型，利用模型反演了作物生长参数。

以下为本研究主要结论。

（1）在北方旱地作物识别中，以支持向量机分类精度配合 J - M 距离作为评价标准，对研究区地物进行可分离性分析。结果表明玉米识别的最佳时相为苗期至拔节前期之间，最佳极化方式为交叉极化，仅用 $HV_{6.27}$ 进行玉米识别，精度就达80%以上；棉花识别的最佳时相为苗期至花蕾后期之间，最佳极化方式为交叉极化，$HV_{7.21} - HV_{6.3}$ 条件下棉花的识别精度为 73.31%。利用决策树分类法和支持向量机法分别对研究区进行分类，经验证，决策树分类法总体精度为 88.12%，Kappa 系数为 0.822；支持向量机分类法总体精度为 92.55%，Kappa 系数为 0.886，说明在旱地秋收作物识别中支持向量机法优于决策树法，另外支持向量机法在识别小地块和控制斑点噪声方面优势明显。

（2）通过时相优选，玉米识别的最佳时相为6月27日，即苗期至拔节前期之间；棉花识别的最佳时相组合为6月3日与6月27日。在玉米识别过程中，以抽穗期作为分界，抽穗之前交叉极化对分类结果的贡献优于同极化，抽穗后交叉极化与同极化相比略低。同极化间进行比较发现，HH 极化优于 VV 极化，且在生育期的初始期和结束期优势明显。

（3）利用辅助变量信息组合对玉米和棉花进行识

别，发现后向散射系数、纹理信息、极化分解信息都有效的改善了分类精度，其中后向散射信息与极化分解信息重要性较大，纹理信息中的均值信息也表现出了较高的重要性。在玉米识别中，极化信息的加入使分类精度在后向散射信息分类结果的基础上提高了近7%；纹理信息和极化信息的加入也使棉花的精度提高了3%。通过针对玉米的变量优选，其中5个变量组合可使玉米获得较高的精度，分别为6月27日的：VH、Alpha、YM4 – Odd、FM – Vol 和 Mean（HV），然而利用所有信息获取的结果仍为最优。通过多变量信息组合对各类型地物进行识别，发现多时相分类结果优于单时相，极化分解信息的作用强于纹理信息。

（4）雷达数据与作物生长参数具有阶段性相关的特点，在作物生长中前期和后期，部分生长参数与雷达信息表现出明显的相关性，中期不适于利用雷达数据反演生长参数。作物生长前期交叉极化相比于同极化与作物参数相关性更高。极化比值在作物生物学参数反演中没有展现出优势。

二、特色与创新点

旱地作物识别研究大都针对某一种农作物，本研究能够实现多种共生旱地作物的有效分类与识别，因此在技术层面属于一种突破。

本研究利用多种辅助变量信息进行旱地作物识别，评价了不同变量对分类结果的重要性，掌握了旱地作物最优识别时相及特征变量组合，为北方旱地作物识别过程中 SAR 数据时相选择及信息利用提供了参考。

三、问题与展望

1. 存在问题

（1）本研究通过分析雷达后向散射系数与作物生长参数的相关关系，主要利用经验模型对作物生长参数进行反演，未引入农作物机理模型，普适性差。

（2）研究区棉花种植面积少而分散，受其周围地物的影响较大，易与其他地物形成"异物同谱"现象，造成分类精度较低。

2. 展望

（1）利用经验模型进行作物长势监测不具有普适性。应从作物生长初期采集足量、全面的植被参数，引入作物生长模型，对雷达遥感数据在旱地作物长势监测的普适性进行研究。

（2）极化信息是雷达数据的独特优势，本研究虽利用了极化信息对旱地作物进行分类，但未对旱地作物的散射机制进行分析，以后应进一步对目标地物的散射机制进行研究，从机理上明确目标地物间的差异。

（3）雷达遥感以矩阵的形式对数据进行存储，应进一步分析极化矩阵的具体分布，如复高斯分布和复Wishart分布，研究针对雷达数据的分类方法。

参考文献

阿里木·赛买提.2015.基于集成学习的全极化 SAR 图像分类研究［D］.南京：南京大学.

安文韬，2010.基于极化 SAR 的目标极化分解与散射特征提取研究［D］.北京：清华大学.

鲍艳松，王纪华，刘良云，等.2007.不同尺度冬小麦氮素遥感监测方法及其农业应用研究［J］.农业工程学报，23（2）：139－144.

蔡爱民，邵芸，李坤，等.2010.冬小麦不同生长期雷达后向散射特征分析与应用［J］.农业工程学报，26（7）：205－212.

曾亮.2011.多波段多极化 SAR 图像融合解译研究［D］.松州：杭州电子科技大学.

陈劲松，邵芸，李震.2004.基于目标分解理论的全极化 SAR 图像神经网络分类方法［J］.中国图象图形学报，9（5）：552－557.

陈水森，柳钦火，陈良富，等.2005.粮食作物播种面积遥感监测研究进展［J］.农业工程学报.6

（21）：166 – 170.

丁维雷. 2013. 基于全极化雷达的目标识别方法研究 [D]. 哈尔滨：哈尔滨工程大学.

丁娅萍，陈仲新. 2014. 基于最小距离法的 RADAR-SAT – 2 遥感数据旱地作物识别 [J]. 中国农业资源与区划（6）：79 – 84.

丁娅萍. 2013. 基于微波遥感的旱地作物识别及面积提取方法研究 [D]. 北京：中国农业科学院.

董师师，黄哲学. 2013. 随机森林理论浅析 [J]. 集成技术，2（1）：1 – 7.

董彦芳，孙国清，庞勇. 2005. 基于 ENVISAT ASAR 数据的水稻监测 [J]. 中国科学 D 辑地球科学，35（7）：682 – 689

杜鹤娟，柳钦火，李静，等. 2013. 光学与微波植被指数协同反演农作物叶面积指数的可行性分析 [J]. 遥感学报，17（6）：1 587 – 1 611.

郭华东，徐冠华. 1995. 星载雷达应用研究 [M]. 北京：中国科学出版社.

郭华东. 2000. 雷达对地观测：原理与应用 [M]. 北京：科学出版社.

贾坤，李强子，田亦陈. 2011. 微波后向散射数据改进农作物光谱分类精度研究 [J]. 光谱学与光谱分析，31（2）：483 – 487.

韩立建，潘耀忠，贾斌，等.2007.基于多时相IRS－P6卫星AWiFS影像的水稻种植面积提取方法［J］.农业工程学报，23（5）：137－143.

胡德勇，李京，陈云浩，等.2008.单波段单极化SAR图像水体和居民地信息提取方法研究［J］.中国图象图形学报，13（2）：257－263.

化国强，李晨，杨沈斌，等.2012.利用Radarsat－2数据基于比值检测的水稻制图［J］.江苏农业学报，28（6）：1 451－1 458.

黄发良，钟智.2004.用于分类的支持向量机［J］.广西师范学院学报，21（3）：75－78.

李春升，李景文，周荫清.1995.空载合成孔径雷达技术及展望［J］.电子学报，（10）：156－159.

李富城.2009.多极化SAR图像地物分类技术研究［D］.郑州：解放军信息工程大学.

李坤，邵芸，张风丽.2012.基于Radarsat－2全极化数据的水稻识别［J］.遥感技术与应用，27（1）：86－93.

李坤，邵芸，张风丽.2011.基于多极化机载合成孔径雷达（SAR）数据的水稻识别［J］.浙江大学学报（农业与生命科学版），37（2）：181－186.

李雪薇，郭艺友，方涛.2014.基于对象的合成孔径雷达影像极化分解方法［J］.计算机应用，34

(5)：1 473 – 1 476.

凌飞龙，汪小钦，史晓明. 2007. 多时相 SAR 图像水稻分布信息提取方法研究 ［J］. 福建师范大学学报（自然科学版，23（3）：15 – 19.

刘龙飞，陈云浩，李京. 2003. 遥感影像纹理分析方法综述与展望 ［J］. 遥感技术与应用，18（6）：441 – 448.

牛东. 2014. 基于散射分解和图像纹理特征的极化 SAR 图像分类 ［D］. 西安：西安电子科技大学.

邵芸，郭华东，范湘涛，等. 2001. 水稻时域散射特征分析及其应用研究 ［J］. 遥感学报，5（5）：340 – 345.

邵芸，廖静娟，范湘涛. 2002. 水稻时域后向散射特性分析：雷达卫星观测与模型模拟结果对比 ［J］. 遥感学报，6（6）：440 – 450.

邵芸. 2000. 水稻时域散射特征分析及其应用研究 ［D］. 北京：中国科学院遥感应用研究所.

申双和，杨沈斌，李秉柏，等. 2009. 基于 ENVISAT ASAR 数据的水稻时域后向散射特征分析 ［J］. 农业工程学报，25（增刊2）：130 – 136.

舒宁. 2004. 关于多光谱和高光谱影像的纹理问题 ［J］. 武汉大学学报（信息科学版），29（4）：292 – 295.

孙家炳. 2003. 遥感原理与应用 [M]. 武汉：武汉大学出版社.

谭炳香, 李增元. 2000. SAR 数据在南方水稻分布图快速更新中的应用方法研究 [J]. 国土资源遥感 (1)：24 - 27.

汪小钦, 王钦敏, 史晓明, 等. 2008. 基于主成分变换的 ASAR 数据水稻种植面积提取 [J]. 农业工程学报, 24 (10)：122 - 126.

王迪, 周清波, 陈仲新, 等, 2014. 基于合成孔径雷达的农作物识别研究进展 [J]. 农业工程学报, 30 (16)：203 - 212.

王迪, 周清波, 刘佳. 2012. 作物面积空间抽样研究进展 [J]. 中国农业资源与区划, 33 (2)：9 - 14.

王庆, 曾琪明, 廖静娟. 2012. 基于极化分解的极化特征参数提取与应用 [J]. 国土资源遥感, 24 (3)：103 - 110.

王之禹, 朱敏慧, 白有天. 2001. 基于最优状态的多波段全极化 SAR 数据 ML 分类方法 [J]. 电子与信息学报, 23 (5)：507 - 511.

薛莲, 金卫斌, 熊勤学, 等. 2010. 基于 MODIS 和 ENVISAT 数据的湖北省四湖地区土地覆盖分类 [J]. 应用生态学报, 21 (3)：791 - 795.

杨浩.2015.基于时间序列全极化与简缩极化 SAR 的作物定量监测研究［D］.北京：中国林业科学研究院.

杨沈斌，李秉柏，申双和，等.2008.基于多时相多极化差值图的稻田识别研究［J］.遥感学报，12（4）：613－619.

杨沈斌.2008.基于 ASAR 数据的水稻制图与水稻估产研究［D］.南京：南京信息工程大学.

依力亚斯江·努尔麦麦提，塔西甫拉提·特依拜，丁建丽，等.2015.基于多种极化分解方法和全极化合成孔径雷达数据的干旱区盐渍化监测［J］.农业工程学报，（23）：145－153.

张海龙，蒋建军，吴宏安，等.2006.SAR 与 TM 影像融合及在 BP 神经网络分类中的应用［J］.测绘学报，35（3）：229－233.

张萍萍，申双和，李秉柏，等.2006.水稻极化散射特征分析及稻田分类方法研究［J］.江苏农业科学（1）：148－152.

张顺谦，杨秀荣.2006.神经网络和分形纹理在夜间云雾分离中的应用［J］.遥感学报，10（4）：497－502.

张云柏.2004.ASAR 影像应用于水稻识别和面积测算研究—以江苏宝应县为例［D］.南京：南京农

业大学.

赵德刚, 占玉林, 刘翔, 等.2010.基于波段选择的
MODIS 全国土地覆盖分类 ［J］.国土资源遥感
（3）：108 – 113.

赵天杰, 李新武, 张立新, 等.2009.双频多极化
SAR 数据与多光谱数据融合的作物识别 ［J］.地
球信息科学学报, 11 （1）：84 – 90.

周成虎, 骆剑承, 杨晓梅, 等.2003.遥感影像地学
理解与分析 ［M］.北京：科学出版社.

Allen R, Hanuschak G, Craig M. 1996. History of re-
mote sensing for crop acreage in USDA's National Ag-
ricultural Statistics Service ［J］. Health Systems Re-
view, 29 （2）：559 – 567.

Armando M, Irena H. 2014. A change detector based
on an optimization with polarimetric SAR imagery
［J］. IEEE Transactions on Geoscience and Remote
Sensing, 52 （8）：4 781 – 4 798.

Asehbacher J, Pongsrihadal C A, Kamehanasuthan S,
et al. 1995. Assessment of ERS – 1data for rice crop
mapping and monitoring ［C］. International Geosci-
ence and Remote Sensing Symposium. Firenze, Ita-
ly, 3：2 183 – 2 185.

Attema, EPW, Ulaby, FT. 1978. Vegetation Modeled

as a Water Cloud [J]. Radio Science, 13, 357 – 364.

Baghdadi N, Boyer N, Todoroff P, et al. 2009. Potential of SAR sensors TerraSAR – X, ASAR/ENVISAT and PALSAR/ALOS for monitoring sugarcane crops on Reunion Island [J]. Remote Sensing of Environment, 113 (8): 1 724 – 1 738.

Blaes X, Vanhalle L, Defourny P. 2005. Efficiency of crop identification based on optical and SAR image time series [J]. Remote sensing of environment, 96 (3): 352 – 365.

Bouvet A, Toan TL, Lam-Dao N. 2009. Monitoring of the rice cropping system in the Mekong delta using ENVISAT/ASAR dual polarisation data [J]. IEEE Transactions on Geoscience and Remote Sensing, 47 (2): 517 – 526

Breiman L. 2001. Random forests [J]. Machine Learning, 45, 5 – 32.

Brown SCM, Quegan S, Morrison K. et al. 2003. High-resolution measurements of scattering inwheat canopies-Implications for crop parameter retrieval [J]. IEEE Transactions on Geoscienceand Remote Sensing, 41 (7): 1 602 – 1 610.

Chen. H L, Li H G. 2008. Rice recognition using multi-temporaland dual polarized synthetic aperture radar images [C] //International Colloquium on Computing, Communication, Control and Management. Guangzhou: IEEE, 1: 96 – 100.

Chen J, Lin H, Pei Z. 2007. Application of ENVISAT ASAR data in mapping rice crop growth in southern China [J]. IEEE Geoscience and Remote Sensing Letters, 4 (3): 431 – 435.

Choudhury I, Chakraborty M. 2006. SAR signature investigation of rice crop using RADARSAT data [J]. International Journal of Remote Sensing, 27: 519 – 534.

Cloud S R, Pottier E. 1996. A Review of Target Decomposition Theorems in Radar Polarimetry [J]. IEEE Transactions on Geoscience and Remote Sensing, 34 (2): 498 – 517.

Cloude S R, Pottier E. 1997. An entropy based classification scheme for land applications of polarimetric SAR [J]. IEEE Transactions on Geoscience and Remote Sensing, 35 (1): 68 – 78.

Cortes C, Vapnik V. 1995. Support Vector Networks [J]. Machine Learning, 20: 273 – 295.

de Roo R D, Du Y, et al. 2001. A semi-empirical backscattering model at L-band and C-band for a soybean canopy with soil moisture inversion [J]. IEEE Transactionson Geoscience and Remote Sensing, 39 (4), 864 –872.

Dong J W, Xiao X M, Chen B Q. 2013. Mapping deciduous rubber plantations through integration of PALSAR and multi-temporal Landsat imagery [J]. Remote Sensing of Environment, 134 (7): 392 – 402.

Durden SL, Morrissey LA, Livingston GP. 1995. Microwave backscatter and attenuation dependence on leaf area index for flooded rice fields [J]. IEEE Transactions on Geoscience and Remote Sensing, 33 (3): 807 –810.

Frate D F, Schiavon G, Solimini D. 2003. Crop classification using multi-configuration C-band SAR data [J]. IEEE Transactions of Geoscience and Remote Sensing, 41 (7): 1 611 –1 619.

Freeman A, Durde S L. 2006. A three-component scattering model for polarimetric SAR data [J]. IEEE Transactions on Geoscience and Remote Sensing, 1998, 36 (3): 963 –973.

Gislason P O, Benediktsson J A, Sveinsson J R. Random Forests for land cover classification [J]. Pattern Recognition Letters, 27, 294 – 300.

Guindon B, Teillet P M, Goodenough D G, et al. 1984. Evaluation of the crop classification performance of X, L and C-band SAR imagery [J]. Canadian journal of remote sensing, 10 (1): 4 – 16.

Haldar D, PatnaikC. 2010. Synergistic use of Multi-temporal Radarsat SAR and AWiFS data for Rabi rice identification [J]. Journal of the Indian Society of Remote Sensing, 38 (1): 153 – 160.

Haralick R M, Shanmugan K, Dinstein I. 1973. Texture features for image classification [J]. IEEE Transactions on Systems, Man and Cybernetics, 3 (6): 610 – 621.

Henning S, Morten T, Svendsen, et al. 1999. Crop classification by polarimetric SAR [C]. IEEE International Geoscience and Remote Sensing Symposium, Hamburg, Germany, 4: 2 333 – 2 335.

Huynen J R. 1970. Phenomenological Theory of Radar Targets [D]. Ph D Dissertation, Delft University.

Inoue Y, Kurosu T, Maeno H, et al. 2002. Season-long daily measurements of multifrequency (Ka,

Ku，X，C，and L）and full-polarization backscatter signatures over paddy rice field and their relationship with biological variables［J］. Remote Sensing of Environment，81（2 −3）：194 −204.

Jakimow B，Oldenburg C，Rabe A，et al. 2012. Manual for Application：image RF（1.1）［M］.

Jia KLi Q，Tian Y，et al. 2012. Crop classification using multi-configuration SAR data in the North China Plain［J］. International Journal of Remote Sensing，33（1）：170 −183.

Jia KWu B，Tian Y. 2011. Vegetation classification method with biochemical composition estimated from remote sensing data［J］. International Journal of Remote Sensing，32（24）：9 307 −9 325.

Kussul N，Skakun S，Shelestov A，et al. 2014. The use of satellite SAR imagery to crop classification in Ukraine within JECAM project［J］. IEEE International Geoscience and Remote Sensing Symposium，Québec，Canada，165 −168.

LeToan T，Laur H，Mougin E，et al. 1989. Multitemporal and dual-polarization observations of agricultural vegetation covers by X-band SAR images［J］. IEEE Transactions on Geoscience and Remote Sensing, 27 (6): 709 - 718.

Lee J S, Grunes MR, Pottier E. 2001. Quantitative Comparison of Classification Capability: Fully Polarimetric Versus Dual and Single-Polarization SAR [J]. IEEE transactions on Geoscience and Remote Sensing, 39 (11): 2 343 - 2 351.

Ling F, Li Z, Bai L, et al. 2011. Rice mapping using ALOS PALSAR dual polarization data [J]. Journal of Remote Sensing, 15 (6): 1 215 - 1 227.

Liu C, Shang J L, Vachon P W, et al. 2013. Multiyear crop monitoring using Polarimetric RADARSAT - 2 Data [J]. IEEE Transactions on Geoscience and Remote sensing, 51 (4): 2 227 - 2 240.

Marliani, F., Paloscia S., Pampaloni P. et al, 2002. Simulating Coherent Backscatteringfrom Crops during the Growing Cycle [J]. IEEE Transactions on Geoscience and Remote Sensing, 40, 162 - 177.

McNairn H, Vander Sanden J J, Brown R J, et al. 2000. The potential of RADARSAT - 2 for crop mapping and assessing crop condition [C]. Proceedings of the Second International Conference on Geospatial Information in Agriculture and Forestry, Lake Buena Vista, FL, 2: 81 - 88.

Michelson D B, Liljeberg B M, Piles P. 2000. Comparison of algorithms for classifying Swedish land cover using LANDSAT TM and ERS – 1 SAR data [J]. Remote Sensing of Environment, 71 (1): 1 – 15.

Nicolas B, Nathalie B, Pierre T, et al. 2009. Potential of SAR sensors TerraSAR – X, ASAR/ENVISAT and PALSAR/ALOS for monitoring sugarcane crops on Reunion Island [J]. Remote Sensing of Environment, 113: 1 724 – 1 738.

Paloscia S. 1998. An empirical approach to estimating leaf area index from multifrequency SAR data [J]. International Journal of Remote Sensing, 19 (2): 359 – 364.

Park NW. 2010. Accounting for temporal contextual information in land-cover classification with multi-sensor SAR data [J]. International Journal of Remote Sensing, 31 (2): 281 – 298.

Reynolds C A, Yitayew M, Slack D C, et al. 2000. Estimating crop yields and production by integrating the FAO crop specific water balance model with real-time satellite data and ground-based ancillary data [J]. International Journal of Remote Sensing, 21, 3 487 – 3 508.

Richards JA. 1999. Remote Sensing Digital Image Analysis [M]. Berlin: Springer-Verlag. .

Shaban M A, Dikshit O. 2001. Improvement of classification in urban area by the use of textural features: The case study of lucknow city, Uttar Pradesh [J]. International Journal of Remote Sensing. 22: 565 – 593.

Shang J, Champagne C, Jiao X, et al. 2009. Application of Multi-Frequency Synthetic Aperture Radar (SAR) in Crop Classification [M]. Advances in Geoscience and Remote Sensing. InTech.

Shao Y, Fan X T, Liu H, et al. 2001. Rice monitoring and production estimation using multi-temporal RADARSAT [J]. Remote Sensing of Environment, 76 (3): 310 – 325.

Silva WF, Rudorff BFT, Formaggio AR, et al. 2012. Simulated multipolarized MAPSAR images to distinguish agricultural crops [J]. Scientia Agricola, 69 (3): 201 – 209.

Silva, WF, Rudorff, BFT, Formaggio AR. , Mura JC, Paradella WR. April 21 – 26, 2007. Evaluation of MAPSAR simulated images to distinguish crop types. In: XIII Brazilian Remote SensingSymposium, Florianópolis, pp. 4 995 – 5 002.

Soria-Ruiz J, Fernandez-Ordonez Y, Woodhouse I H. 2010. Land-cover classification using radar and optical images: a case study in Central Mexico [J]. International Journal of Remote Sensing, 31 (12): 3 291 – 3 305.

Soria-Ruiz J, McNairm H, Fernandez-Ordonez Y, et al. 2007. Corn monitoring and crop yield using optical and RADARSAT – 2 images [C]. International Geoscience and Remote Sensing Symposium, Barcelona, Spain, 3 655 – 3 658.

Stankiewicz KA. 2006. The efficiency of crop recognition on ENVISAT ASAR images in two growing seasons. IEEE Transactions on Geoscience and Remote Sensing, 44 (4): 806 – 814.

Stefan U, Serkan K. 2014. Integration color features in polarimetric SAR image classification [J]. IEEE Transactions on Geoscience and Remote Sensing, 52 (4): 2 197 – 2 216.

Suykens J A K. 2001. Nonlinear Modeling and Support Vector Machine [C]. IEEE Instrumentation and Measurement Technology Conference Budapest. Hungary, 21 – 23.

Tao F L, Masayuki Y, Zhang Z. 2005. Remote sensing of crop production in China by production efficiency models: models comparisons estimates and uncertainties [J]. Ecology Modeling. 183 (4): 385 –396.

Wang C, Wu J, Zhang Y, et al. 2009. Characterizing L-band scattering of paddy rice in Southeast China with radiative transfer model and multitemporal ALOS/PALSAR imagery. IEEE Transactions on Geoscience and Remote Sensing, 47 (4), 988 –998.

Wang D, Lin X, Chen J S, et al. 2010. Application of muti-temporal ENVISAT ASAR data to agricultural area mapping in the Pearl River Delta [J]. International Journal of Remote Sensing, 31: 1 555 – 1 572.

Xavier B, Laurent V, Pierre D. 2005. Efficiency of crop identification based on optical and SAR image time series [J]. Remote Sensing of Environment, 96: 352 –365.

Xu J, Li Z, Tian B, et al. 2014. Polarimetric analysis of multi-temporal RADARSAT – 2 SAR images for wheat monitoring and mapping [J]. International Journal of Remote Sensing, 35: 10, 3 840 –3 858.

Yamaguchi Y, Moriyama T, Ishido M, et al. 2005.

Four-component scattering model for polarimetric SAR image decomposition [J]. IEEE Transactions on Geoscience and Remote Sensing, 43 (8): 1 699 – 1 706.

ZhangY. , Liu, X. , Su S. et al. 2014. Retrieving canopy height and density of paddy rice from Radarsat – 2 images with a canopy scattering model [J]. International Journal of Applied Earth Observation and Geoinformation, 28, 170 – 180.

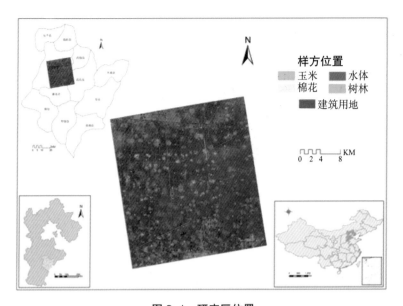

图 2-1　研究区位置

Fig 2-1　The location of the study area

图 2-3　矢量边界与 SAR 影像叠加图

Fig 2-3　The overlay image of vector image and SAR data

1

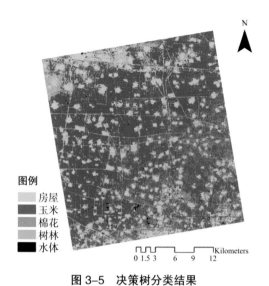

图 3-5　决策树分类结果

Fig 3-5　The classification result of the typical ground objects by DTC in
the study area

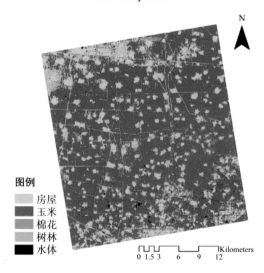

图 3-6　SVM 分类结果

Fig 3-6　The classification result of the typical ground objects by SVM in
the study area

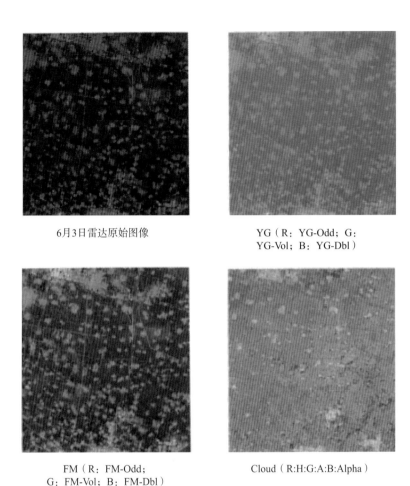

6月3日雷达原始图像

YG（R：YG-Odd；G：
YG-Vol；B：YG-Dbl）

FM（R：FM-Odd；
G：FM-Vol；B：FM-Dbl）

Cloud（R:H:G:A:B:Alpha）

图4-1　不同分解的 RGB 合成

Fig 4-1　The false colour image in different polarimetric decomposition

3

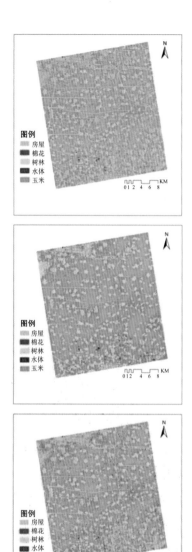

图 4-4   不同变量组合下的研究区典型地物分类

Fig 4-4   Classification of typical objects in the study area under different variable combinations

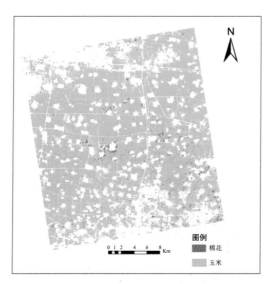

图 4-8 玉米识别组合 3 与棉花识别组合 4 结合的旱地作物分布
Fig 4-8 Classification of typical objects in the study area under different variable combinations

图 5-6 研究区玉米空间分布
Fig 5-6 Spatial distribution of maize in the study area

图例

☐ <2.0 ▨ 2.0-2.5 ▨ 2.5-3.0 ▨ 3.0-3.5 ▨ 3.5-4.0 ▨ 4.0-5.0 ■ >5.0

图例

☐ 0-0.5 ▨ 0.5-1.0 ▨ 1.0-1.5 ▨ 1.5-2.0 ▨ 2.0-2.5 ▨ 2.5-3.0 ■ >3.0

图 5-7 LAI 反演结果（a：7 月 21 日 LAI 反演结果；b：8 月 14 日 LAI
反演结果）

Fig 5-7 Retrieving results of LAI (a: LAI retrieving results on July 21; b:
LAI retrieving results on August 14)

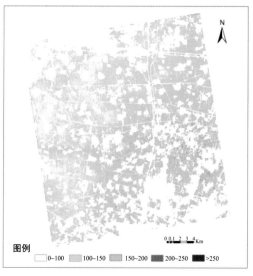

图 5-8 株高反演结果（a：7 月 21 日株高反演结果；b：10 月 1 日株高
反演结果）

Fig 5-8 Retrieving results of height (a: plant height retrieving results on
July 21; b: plant height retrieving results on Oct1)

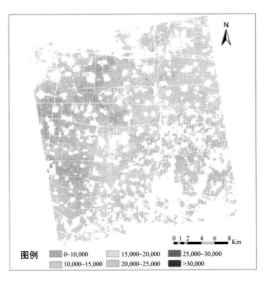

图 5-9　玉米植株干 / 鲜重反演结果（a：7 月 21 日鲜重反演结果；b：7
月 21 日干重反演结果）

Fig 5-9　Retrieving results of the fresh/dry weight (a: fresh/dry weight
retrieving results on July 21; b: fresh/dry weight retrieving results on July 21)